教育部新世纪优秀人才支持计划资助（NCET-10-009）
2011 年北京市农委重点调研项目
北京农业产业安全理论与政策研究创新团队项目
北京市农业经济管理重点建设学科系列学术著作

北京会展农业发展研究

何忠伟　赵海燕　任志刚 等　著

中国农业出版社

著　者（按姓名笔画排序）

田亦平　任志刚　刘　芳　刘永强

何忠伟　赵海燕　桂　琳　韩振华

序

近年来，北京的会展农业发展迅速，各区县依托本地产业优势，积极申办和举办各类农业会展和节庆活动，多个国内、国际高级别的农业会展也相继在北京落户。尤其是2012年2月，首次走进中国的第七届世界草莓大会，是北京市举办的第一个高规格、大规模的世界级农业展会。大会坚持“国际水平、奥运标准”，完美诠释了“健康、发展、共享”的主题，更凭借学术会议高水准、展会运行高水平、服务保障高标准的特点，被国际园艺学会盛赞为“前所未有的一届世界草莓大会”。这届大会参加人数突破20万，吸引近200家国内外企业参展，大会通过综合展示、学术研讨、产经论坛、技术参观等活动，从科研、技术、产业、投资等多个角度全方位解析了草莓产业与草莓经济发展，为全球草莓届人士搭建起了良好的沟通、交流平台。除此之外，通过高标准的策划布置、全面深入的宣传推介，世界草莓大会的成功举办又为首都打造了一张极具特色的城市发展新名片；围绕“办好草莓大会，拉动一个产业，富裕一方农民”的目标，创造了都市型现代农业“市场导向、功能融合、科技支撑、富裕农民”的基本经验，树立了北京农业发展的里程碑。

随后，第十八届食用菌大会、第十届中国国际农产品交易会、第三届新疆农产品北京交易会等接踵而至，会展农业在北京声名鹊起。这几次活动的成功举办，也让更多的人对农业有了新的认识。农业是人与自然和谐的产业，是融合性产业，是与时俱进的产业。

只有转变经济发展方式，创新运行模式，发展会展农业，增强科技支撑，着眼国际市场，才能实现农业的高效和可持续发展。同时，会展农业对加快北京经济发展方式转变、推动城乡一体化发展的作用更是有目共睹，令人振奋。

会展农业是北京都市型现代农业创新发展的新形式，需要进一步总结经验、探索发展新模式。北京农学院何忠伟教授组织团队以“北京会展农业发展研究”为题，历时2年，对北京会展农业发展状况进行实地调研，运用科学的理论方法，严谨的分析框架，翔实的数据资料，以及丰富的图表信息，展现了“十一五”以来，北京会展农业的兴起、壮大和发展，规划和描绘出“十二五”发展的前景，具有很强的理论性、可读性和针对性。相信本书的出版，一定会对北京会展农业的发展起到有力的指导作用，并对我国会展农业的发展发挥出积极的推动作用。

理论是对实践最好的超越，伴随着北京发展世界水平的农业进程，希望有更多的青年学者立足北京农业，加大北京农业经济的研究力度，奉献出一批高水平的学术成果。

是以为序。

北京市农村工作委员会主任

目　录

党的十七届五中全会以来，党中央、国务院多次提出要加快发展会展农业经济，大力发展现代农业，不断推进社会主义新农村建设。为积极贯彻落实这一指示精神，北京市委市政府在北京市的“十二五”规划、2011 年和 2012 年北京市农村工作会议以及政府工作报告中，都鲜明地提出要努力发展和完善包括会展农业在内的都市型现代农业的实现形式，实现新突破，全力提升都市型现代农业发展水平，并力争迈出更大步伐。

与之同步，随着近几年都市型现代农业的逐步发展，北京已成为国家农业对外展示和国内外交流的窗口，以及国内高端农业示范的平台。包括农业会议、农业展览会、农业博览会、农业展销会，以及农业节庆等多种形式的会展农业在北京蓬勃发展，起到了较好的高端引领作用。农业会议方面，如 2012 年第七届世界草莓大会和第十八届国际食用菌大会，以及 2014 年第七十五届世界种子大会和第十一届世界葡萄大会等先后在北京各区县落户；农业展会方面，如中国国际农产品交易会、第七届中国花卉博览会等纷纷亮相北京；农业节庆方面，据不完全统计，北京郊区一年内大、小农业节庆活动有近百个，如大兴西瓜节、平谷国际桃花音乐节、怀柔汤河川满族民俗风情节和慕田峪长城国际文化节等。此外，伴随国家现代农业科技城、绿色农业长廊和国家农业示范基地等在北京的建成和发展，融入科技和文化的会展农业更加多姿多彩。

第一章　北京会展农业发展的背景

一、打造会展之都，建设世界城市的需要

农业是人类创造和赖以生存的传统产业，是国民经济的基础和文明的摇篮。会展业作为“城市经济的助推器”、“城市的面包”、“走向世界的窗口”，在世界城市建设和发展过程中起到了不可替代的作用。世界上一些著名城市，如美国纽约、法国巴黎、英国伦敦、日本东京等都是国际上著名的会展之都，同时也都拥有高度发达的都市农业。会展农业作为会展业与都市型现代农业高端融合而成的一种新型农业业态，在这些世界城市中发展日趋成熟。

北京作为国际化的大都市，在世界经济全球化的今天，其迈向世界城市的步伐逐步加快。“十一五”期间，北京市委市政府提出要“以建设世界城市为努力目标，不断提高北京在世界城市体系中的地位和作用”，以及“到 2010 年，将北京建成亚洲主要会展城市之一”。同时，2010 年 8 月，习近平同志在北京调研时进一步要求，要努力将北京打造成“五都”[①]。从目前的实际发展看，经过这几年的发展，北京会展设施不断完善，会议展览活动显著增加，会展经济规模不断扩大，国际会展之都的雏形已初步形成。2010 年在国际大会及会议协会（ICCA）[②] 公布的国际会议目的地城市最新排名中，北京是中国唯一入选前 10 名的城市，并有 21 个大型国际展览通过国际展览联盟认证[③]，其比重占全国的 26.6%。另一方面，随着都市型现代农业的发展，作为其新型实现形式的会展农业在北京同步应运而生，伴随着 2012 年第七届世界草莓

---

① 即国际活动聚集之都、世界高端企业总部聚集之都、世界高端人才聚集之都、中国特色社会主义先进文化之都、和谐宜居之都。

② 国际大会及会议协会（International Congress & Convention Association），简称 ICCA，创建于 1963 年，总部位于荷兰阿姆斯特丹，作为会议产业的领导组织，ICCA 是全球国际会议最主要的机构组织之一。

③ 国际展览联盟（Union of International Fairs），简称 UFI，创建于 1925 年，总部在法国巴黎，是迄今世界展览业最重要的国际性组织，其核心任务是对国际性展会进行权威认证，注册标准为：作为国际性展会至少已连续举办 3 次以上，至少要有 2 万米^2 的展出面积、20%的国外参展商、4%的海外观众。

大会和第十八届国际食用菌大会，以及2014年第七十五届世界种子大会和第十一届世界葡萄大会等先后在北京各区县的落户，北京成为国外农业进入中国橱窗的地位逐步稳定。所以，会展农业如何有效、有序地发展，已提到北京建设和发展的重要日程上了。

二、创新实现形式，推进都市型现代农业新发展的需要

为积极贯彻落实党中央、国务院“加快发展会展农业经济，大力发展现代农业，不断推进社会主义新农村建设”的指示精神，北京市委市政府在“十二五”规划和近两年的全市农村工作会议及政府工作报告中，鲜明地提出要努力发展和完善包括会展农业在内的都市型现代农业的实现形式，实现新突破，全力提升都市型现代农业发展水平，并出台了《关于发展都市型现代农业的政策意见》和《关于全面推进都市型现代农业服务体系建设的意见》等文件，为会展农业发展提供了政策支持。

从实际发展来看，会展农业符合都市型现代农业的发展方向，是都市型现代农业的一种创新，是现代农业发展的高端形态。就北京农业而言，其外埠采购特征突出，产业融合趋向明显，生态高端需求强劲，是典型的都市型现代农业。随着城市功能的不断拓展，北京农业的生产方式更加园艺化、设施化、基地化，农业的生产、生活、生态功能日益凸显，特别是大量农产品依靠外埠采购，为会展农业的发展带来巨大契机。近年来，以农业会议、农业展览会、农业博览会、农业展销会，以及农业节庆等多种形式展现的会展农业在北京蓬勃发展，起到了较好的高端引领作用。“十二五”时期，作为一种新型产业业态的会展农业如何整合资源、探寻路径、健康发展，已成为新时期都市型现代农业发展进程中的重要课题。

三、发展会展农业有利于促进农民增收

“小农户与大市场”的矛盾一直是我国农业发展过程中的现实性瓶颈之一。实践证明，通过会展农业的发展，以一批龙头企业的带动、一片示范基地的建立、一带农业长廊的打造等多种集成形式，可以突破传统农业发展在资源和市场的双重约束下，产业的结构性矛盾和农民增收的困难，能有效提高北京都市型现代农业生产的组织化程度，实现千家万户的小农生产与千变万化的大市场的有效对接，进而促进农民增收。如北京市通州区以2012年世界食用菌大会

为契机，全区建立食用菌科技示范户 100 个，带动该地区的食用菌产业发展。又如北京市昌平区以 2012 年世界草莓大会为契机，大力发展草莓产业。“草莓产值从 2008 年的 2 000 多万元迅速增长到 2011 年的 1.8 亿元，预计 2012 年将突破 2.5 亿元，将带动全区 3 500 多户农民增收致富。”①

四、发展会展农业有利于推动农村产业战略调整

通过会展农业的发展，可以提升现代农业的产业化水平，即借助会展农业平台促进农村产业布局调整，拓展农业产业链条的延伸，带动农村产业结构升级。国际上一般认为，会展业的产业带动效应为 1∶9。具体到会展农业而言，凭借其较高的产业关联度和较大的乘数效应，将产生显著的产业促进作用。它不仅有利于促进如制造业、建筑业以及与会展有关的新技术、新材料和新产品的研发等第二产业的发展，而且也有利于带动如物流业、交通运输业、乡村旅游业、餐饮业、旅店业、通信业、金融保险业、广告业、印刷业等第三产业的发展。以北京会展农业带动京郊乡村旅游为例，2009 年，顺义区仅花博会接待观众 180 万人次，同比增长 37.5%，实现旅游收入 15.86 亿元，同比增长 24.8%②；2011 年上半年，大兴区在“桑葚节、西瓜节、梨花节”带动下接待 49.4 万人次，比上年同期增加 4.7 万人次，同比增长 10.6%；108 个观光园总收入实现 3 009.2 万元，比上年同期增加 158.7 万元，同比增长 5.6%③。这充分发挥了会展农业经济拉动、产业融合和结构升级的功效。

五、发展会展农业有利于提升农业的科技创新

2012 年，中央一号文件明确提出“实现农业持续稳定发展、长期确保农产品有效供给，根本出路在科技”。在会展农业的发展过程中，一方面能够集中地展现出农业方面的最新科技成果，促进生产者、消费者、科研人员和管理人员的良好互动交流，推进科技创新；另一方面，通过现代农业科技城等产业集群形式，能够较好地起到引领示范和带动作用。如正在北京建设的国家农业现代科技城，不仅包括农业科技网络服务中心、农业科技金融服务中心、农业

---

① “草莓届奥运会”首次走进亚洲来到中国．新华网．2012－2－9.

② 花博会筹办工作总结座谈会在顺义区召开．顺义网城．2009－12－17.

③ 大兴区 2010 年上半年观光休闲农业经营状况简析．大兴统计信息网．2011－7－14.

科技创新产业促进中心、良种创制与种业交易中心和农业科技国际合作交流中心五个中心，而且还将建设若干特色园区，以打造国家层面的高端农业服务平台，实现“以现代服务业引领现代农业、以要素聚集武装现代农业、以信息化融合提升现代农业、以产业链创业促进现代农业”，这对于推进北京乃至全国的农业科技创新将起到良好的示范和带动作用。

六、发展会展农业有利于提高北京农业在世界的影响力

在建设世界城市和打造国际会展之都的目标之下，北京会展农业的发展不仅定位于推动国内农业发展的层次上，而且着眼于与国际农业发展的潮流接轨。通过北京这一会展农业橱窗的建设，展示国内外现代农业发展的丰硕成果，汇集国内外现代农业技术的动态前沿，有利于让世界了解中国农业，让中国了解世界农业，同时导航国际农业发展趋势，提升北京农业的世界影响力。据统计，2012 年，北京将共举办涉农会展 70 个，其中国际性的 53 个，所占比重为 75.71%[①]。以第七届世界草莓大会为例，本次大会是首次在亚洲国家举办，广泛邀请了美国、西班牙、加拿大等全球 66 个国家和地区的 1 000 多名代表参加学术研讨[②]，以及 200 余家国内外企业参展，会聚了全球顶级草莓专家，涵盖所有草莓主产国家和地区。此外，在这次大会上，北京小汤山现代农业科技园大棚种植的甲壳素草莓还获得金奖，这也是北京草莓首次获得世界级大奖。北京农业通过昌平草莓这张靓丽名片又向世界迈进了一大步。

---

① 根据北京会展网、中国农业会展网等资料计算和整理，详见第三章。

② 世界草莓大会由国际园艺学会于 1988 年创办，每四年举办一届。目前，世界草莓大会已成为世界各国交流草莓生产、科技和产业发展的最高级别学术性会议，也是集聚先进生产要素、打造产业品牌、开展区域合作的国际化平台。

第二章　北京会展农业发展的相关理论

一、会展农业的相关概念

（一）会展的概念

依据国际上通行的会展定义，会展有狭义和广义之分。其中，狭义的会展指会议和展览，即 C&E（Convention and Exhibition）或者 M & E（Meeting and Exhibition）。广义的会展又包括两类：其一，指公司会议、奖励旅游、社团集会和展览四部分，即 MICE（Corporation Meetings，Incentive Tour Programs，Conventions，Exhibitions）；其二，指公司会议、奖励旅游、社团集会、展览和节事活动五部分，即在 MICE 的基础上演变成 MICEE，加上了节事活动（Event）。

从以上国际通行的会展定义来看，无论是狭义或广义的会展概念，皆具有以下本质特性：一是它们都是在一定时空范围内的集体性活动；二是它们都是物质、文化、信息等的交流活动。

（二）会展业的概念

会展业，是指利用各种会议、展览、奖励旅游和节事活动资源，并为相关活动提供策划、设计和组织，以及提供场地、配套设施及其他各项服务的经营单位和机构的集合。

从产业性质来看，会展业是主体经济，如农业经济、工业经济等发展到一定阶段的产物，并以主体经济的规模、水平为基础和发展平台。它作为现代经济社会发展的一种衍生品，从属于为相关物质生产活动提供服务的第三产业中服务贸易的范畴和领域。例如，根据《国际服务贸易总协定》的主要条款及内容，在国际服务贸易的十二个部门分类中，会展业属于职业服务范畴；在 WTO 展览服务业的归类中，会展业属于服务贸易中（共 16 大类）的商业服务。

（三）农业的概念

农业作为国民经济的一个部门，在现代社会中被称为第一产业。从本质上来看，农业是人类利用自然环境条件，依靠植物、动物、微生物的生理机能，通过劳动强化和控制生物的生命活动过程，以获得社会需要的物质产品的社会生产部门。狭义的农业专指种植业，而广义的农业则包括农、林、牧、渔四个部门。

随着现代社会分工协作的发展和深化，农业同与之相关的工商业之间的联系日益密切。国际上特别是发达国家，把为农业提供生产资料的部门称为“农业前部门”，把从事农产品加工、储运、销售等活动的部门称为“农业后部门”，由此形成一个由产前部门、产中部门和产后部门组成的产业系统。

（四）都市型现代农业的概念

都市型现代农业思想最早可以追溯到19世纪末的1898年，英国学者Howard提出“田园城市理论”，认为未来理想的居住点应是“城市—乡村”。进入20世纪，都市型现代农业率先在欧洲和美国、日本等发达国家和地区出现。一方面，工业的发展和城市的扩张，使城市内环境趋于恶化，改善城市环境除增加城市内绿地以外，还需要扩大城市周边的园林绿化，建设“有农业的”城市。另一方面，随着人们收入提高、闲暇时间增加和交通条件改善，城市居民对生存环境和生活质量提出了更高的要求。而城郊农业不仅能为城市供应新鲜安全的食品、良好的环境，还能够为城市居民欣赏田园风光，享受乡村情趣创造条件。

北京都市型现代农业起源于20世纪90年代末期。2003年，北京正式提出了发展都市型现代农业的战略任务。2005年，北京市农村工作委员会《关于加快发展都市型现代农业的指导意见》（京政农发［2005］66号）正式出台，并明确提出“都市型现代农业是指在我市依托都市的辐射，按照都市的需求，运用现代化手段，建设融生产性、生活性、生态性于一体的现代化大农业系统”。与传统农业不同，都市型现代农业是高层次、高科技、高品质的绿色产业；是按照市民的多种需求构建和培育的融生产、生活、生态、科学、教育、文化于一体的现代化农业体系；是城市复杂巨大的生态系统不可或缺的组成部分。

二、会展农业的内涵与功能

（一）会展农业的内涵

1. 会展农业的定义　“会展农业”是都市型现代农业的一种创新形式，它以拓展农业多功能为导向，以农事、农俗、农产品为载体，以会议、展览、展销、节庆等活动为表征，以科技、通信、交通设施等为支撑，是融合了旅游、文化、餐饮、服务、物流等多种业态的都市型现代农业高端形态。会展农业是在产业经济学、会展经济学和体验经济学等理论基础上，在北京建设世界城市、打造会展之都和发展都市型现代农业的实践基础上提出的崭新概念（图2－1）。它是会展业和农业及相关产业发展到一定阶段的必然产物，是会展业与都市型现代农业及相关产业的有机结合。作为一种创新型产业形态，它既能带来可观的经济效益，又能带来广泛的社会效益和生态效益。

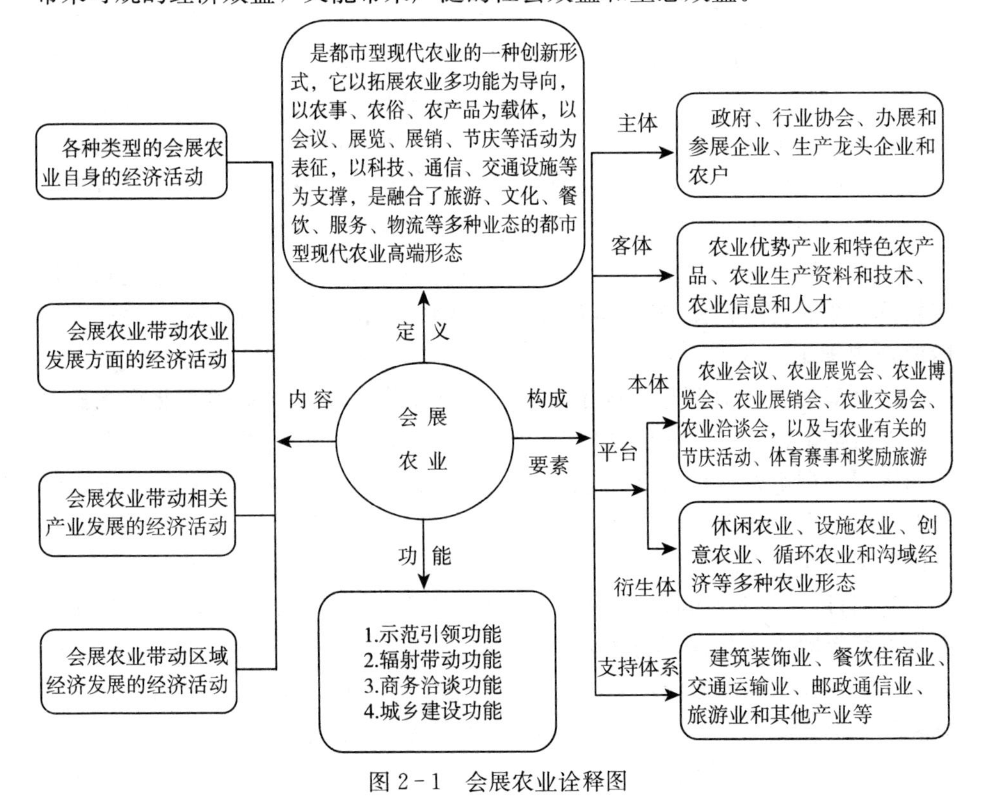

图2－1　会展农业诠释图

2. 会展农业的构成要素　从图 2－1 来看，会展农业的构成要素主要包括主体、客体、平台和支持体系四个方面。

一是会展农业的主体，即政府、行业协会、办展与参展企业、生产龙头企业和农户。

二是会展农业的客体，即农业优势产业和特色农产品、农业生产资料和技术、农业信息和人才。

三是会展农业的平台，包括两个层次。首先，本体层次，即农业会议、农业展览会、农业博览会、农业展销会、农业交易会、农业洽谈会以及与农业有关的节庆活动、体育赛事和奖励旅游等；其次，衍生体层次，即休闲农业、设施农业、创意农业、循环农业和沟域经济等多种农业形态，这一层次是随着都市型现代农业的不断发展而派生出来的，是会展农业本体层次的有机扩展和补充。

四是会展农业的支持体系，包括为会展农业的发展提供支持的建筑装饰业、餐饮住宿业、交通运输业、邮政通讯业、旅游业和其他产业等。

3. 会展农业的内容　从图 2－1 来看，会展农业的内容主要体现在四个方面：

第一，各种类型的会展农业自身的经济活动。即会展组织者、会展参加者、会展服务商等为了会展农业的举办产生的各种经济关系，包括参与主体之间的费用支付、各类会展企业的工资、利润和税收等。

第二，各种类型的会展农业在带动农业发展方面的经济活动。“会展搭台，经贸唱戏”是世界各地常用的形式。通过举办各种类型的会展农业，能够增加商贸机会，提高农民和农资企业的收入；能够高效、快捷地传递农业信息，增加地区招商引资的机会；能够调节市场供求和资源优化配置，推动农业市场化的发展；能够促进农业产业化和国际化的发展，提升农业现代化水平。

第三，会展农业带动相关产业发展的经济活动。会展农业在促进农业发展的同时，还能带动旅游、餐饮、物流等产业的发展，从而形成一个相互促进、良性互动的经济发展格局。

第四，会展农业带动区域经济发展的经济活动。会展农业的发展，一方面，能有效促进区域资源的优化配置，推进区域产业结构优化升级，进而推进区域经济发展。另一方面，可以进一步增强区域作为贸易中心、服务中心、信息中心、金融中心、科技中心等诸方面的功能，进而从整体上完善区域功能，提升整个区域的吸纳和辐射能力。

（二）会展农业的功能

1. 示范引领功能 会展农业使人们聚焦农业、欣赏农业、提升农业的高价值和深内涵。通过展览示范农业新技术、新品种和新产品，不仅可以树立农业企业形象、推广农业企业产品，更可以展示农业发展成果、弘扬农业文化艺术、导航农业发展趋向。

2. 辐射带动功能 据专家估算，会展农业具有1∶9的带动效应，它不仅能够带动旅游朝阳产业的蓬勃发展，提高农业的生活与生态价值，更能形成一种良性循环，实现一、二、三产业的有机融合，实现产业与产值的高附加与高产出。

3. 商务洽谈功能 作为商贸活动的一个重要平台，会展农业能够帮助企业扩大商务交流，开阔视野，拓展商机；能够促使企业直接面对客户，畅通渠道，开拓市场；能够促进企业直接订货，节省成本，提高时效。

4. 城乡建设功能 会展农业是一项系统工程，通过会展农业的发展，能够改善区域经济发展的总体布局，促进城乡基础设施的建设，推动自然资源和环境资源的合理利用，带动城乡经济的发展。

三、会展农业发展的支撑理论体系

会展农业作为一种创新型产业形态，其支撑理论体系呈现系统性和多元性，本研究主要依据以下十大支撑理论（表2-1）。

表2-1 会展农业发展的十大支撑理论体系

支撑理论	主要作用
1. 乘数效应和加速原理理论	分析会展农业对都市型现代农业及相关产业的影响
2. 产业关联和产业链理论	分析会展农业对都市型现代农业及相关产业的影响
3. 产业聚集理论	分析会展农业对城市及区域经济发展的影响
4. 空间相互作用理论	分析会展农业对城市及区域经济发展的影响
5. 产业结构理论	指导会展农业在发展进程中如何有效融合一、二、三产业
6. 劳动地域分工和农业区位理论	指导会展农业未来布局的构建、调整和完善
7. 增长极和点—轴渐进扩散理论	指导会展农业未来布局的构建、调整和完善
8. 会展经济学	指导会展农业未来如何健康高效发展
9. 旅游经济学	指导会展农业未来如何健康高效发展
10. 消费经济学和体验经济学	指导会展农业未来如何健康高效发展

（一）乘数效应和加速原理理论

乘数效应理论的内涵是，在一个宏观经济中，投资的增加，可以增加收入，减少失业；投资的减少，会减少收入，并增加失业。在一定条件下，一定数量的投资额会带来国民收入若干倍的增加。一个部门的新增投资，不仅会使该部门的收入增加，而且会通过连锁反应，引起其他有关部门的收入增加，并促进其他部门增加新投资，获得新收入，致使国民收入总量的增长若干倍于最初那笔投资。公共支出和投资刺激有效需求，投资的增加会带动整个国民经济的成倍增长，会产生乘数效应。加速原理的基本观点在于，投资是收入的函数，收入或产量的增加将会引起投资的加速度增加，即投资的增加比收入或消费增加的速度要快。按照加速原理，投资可以对国民收入的增长有很强的促进作用。但反过来，国民收入总量的增减又会导致投资数量的变动。如果用 V 表示加速数，ΔK 表示总投资的改变即本期净投资，ΔY 表示本期比上期的收入增量，其关系可表示为：$V=\Delta K/\Delta Y$，此式表明，投资是相对收入即收入变化的函数。

运用乘数效应与加速原理理论，可以深入分析会展农业对都市型现代农业及相关产业的影响。与凯恩斯所阐述的乘数效应相同，会展农业的发展具有明显的乘数效应。会展农业由于具有强大的产业带动效应，在自身不断发展的同时，带动了许多相关产业的发展，进而极大地推动城市和国家的经济发展。与此同时，随着会展农业的投资和消费规模的扩大，相关产业收益水平的提高又反过来加速会展农业新增投资的力度，将进一步促进会展农业规模的扩大，产生新一轮的乘数效应。

（二）产业关联和产业链理论

产业关联，是指产业间以各种投入品和产出品为连接纽带的技术经济联系。产业部门间发生联系的依托或基础即是所谓的“产业间联系的纽带”，包括产品、劳务联系、生产技术联系、价格联系、劳动就业联系以及投资联系。由于产业间存在以上联系，因而某一产业的发展变化，必然会影响并波及与其相关的其他产业。产业关联的方式包括前向关联、后向关联和环向关联三种（图 2-2）。所谓产业链，是指生产相同或相近产品的企业，由于分工不同，在上、中、下游企业之间形成经济、技术关联，从而集合所在产业为单位形成的价值链。它是承担着不同的价值创造职能的相互联系的产业围绕核心产业，以产品为纽带，以满足消费者的某种需要为目标，通过资源和价值从上游向下游的不断转移所形成的功能链结构模式。从某种程度上说，产业链的实质就是产业关联，而产业关联的实质就是各产业相互之间的供给与需求、投入与产出的关系。

产业关联
- 前向关联：即通过供给联系与其他产业部门发生的关联
- 后向关联：即通过需求联系与其他产业部门发生的关联
- 环向关联：即各产业依据前后向的关联关系组成环状的产业链

图 2-2　产业关联的三种方式

会展农业的发展不仅可以直接或间接带动一系列相关产业的发展，更可以拓展产业链，培育新兴产业群。运用产业关联和产业链理论，有益于深入分析会展农业对相关产业的影响。

（三）产业聚集理论

产业聚集，是指在某一特定领域内，相互关联的企业与机构在一定的地域内集中连片，形成上、中、下游结构完整、外围支持、产业体系健全、灵活机动的有机体系。聚集的主体包括一批对竞争起重要作用的、相互联系的产业和其他实体，群内企业之间通过专业化分工和协作建立起了既竞争又合作的密切关系；此外，还包括提供各种服务的相应支撑机构，如政府机构、行业协会、金融服务部门与教育培训信息、研究和技术支援的机构，以及制定标准的机构等。

会展农业是社会经济发展到一定阶段的产物，许多现代经济活动也依托会展农业而展开，并且越是经济发达区域会展农业越是成熟和完善。北京作为全国首善之区和国际都市之城，具备众多资源优势，运用产业聚集理论，有助于深入分析会展农业对城市及区域经济等发展的影响。

（四）空间相互作用理论

城市作为一个开放的社会经济系统，不仅与周围区域存在着物质和能量的交换，而且城市之间也在不断地进行物质、能量、人员、信息的交流，这种交换体现了城市间的空间相互作用，使一定区域内不同规模等级，不同职能性质的城市间产生密切的联系，形成具有一定结构和功能的有机整体，即城市体系（图 2-3）。但并非任何两个城市间都会产生相互作用，城市间相互作用的产生必须满足三个条件：城市间存在着互补性、城市间存在着可运输性、城市间没有中间干扰机会。

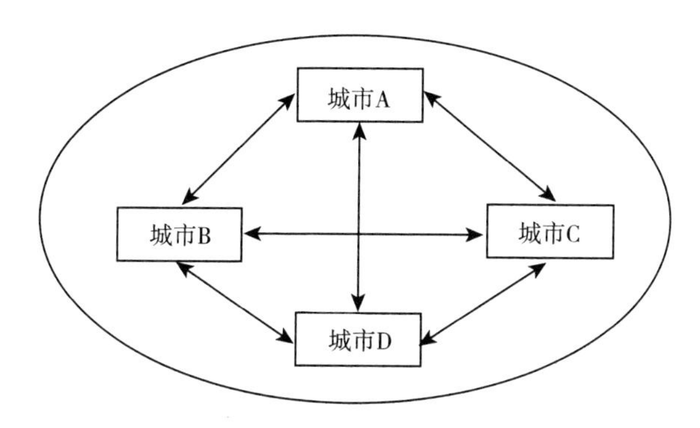

图 2-3　空间相互作用理论图示

注：←→ 表示城市之间物质、能量、人员、信息的交流。

城市会展农业的发展能够为城市带来更多的信息流、人力流、资金流等。这些生产力要素的流动能加快城市会展农业资源的优化配置，进而进一步提升整个城市乃至周边城市的经济效益。因此，运用空间相互作用理论，能深入分析会展农业对北京本身及周边城市乃至全国经济发展的影响。

（五）产业结构理论

产业结构理论，是以研究产业之间的比例关系为对象的应用经济理论。"配第—克拉克定理"指出，随着经济的发展，产业结构演变规律表现为：劳动力首先由第一产业向第二产业移动，当生产力进一步提高时，劳动力便向第三产业移动（图 2-4）。库茨涅兹进一步提出产业结构变动的新格局是：第一产业、第二产业的就业人口和国内生产总值的相对比重下降，而第三产业则保持上升的势头。同时，从当前全球经济发展实际情况来看，在不同的产业领域内，产业融合正以不同的方式演进，最终将促成整个产业结构的高度化、合理

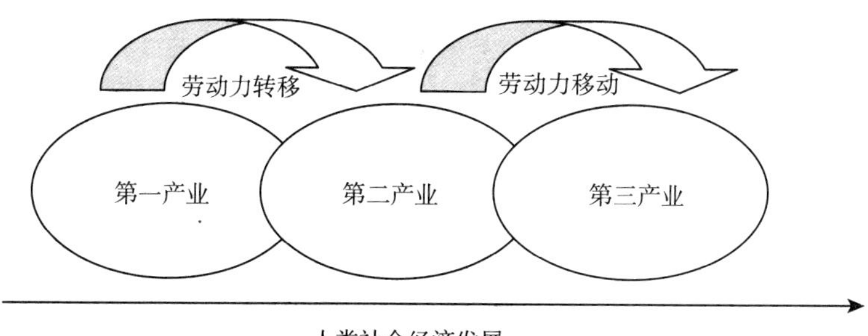

图 2-4　"配第—克拉克定理"的内涵

化，并构架出融合型的产业新体系。

三次产业结构的演变规律及产业融合发展的新趋势说明，在新经济时代，产业之间的界限越来越模糊，这种趋势在第三产业向第一、第二产业渗透尤为明显。因此，在北京应运而生的会展农业的发展应该结合产业结构演变的趋势，正视这种联系，更好地实现第一、第二、第三产业的有效融合，从而从整体上推动北京经济的发展。

（六）劳动地域分工和农业区位理论

劳动地域分工是指人类经济活动按地域的分工，即各个地域依据各自的条件和优势，着重发展有利的产业部门，以其产品与外区交换。该理论主要研究如何发挥各个地区诸条件的特点，发展优势产业，以优势产品与其他地区进行交换，从而在宏观上实现互为市场的目的。

农业区位理论的核心思想是，城市作为消费中心是影响其周围农业用地的一个主导因素，以距离城市中心的远近及农产品运输费用的多少为衡量地租额的高低和土地利用集约化程度大小的标志，并据以对各类农产品的生产进行布局及定位。具体而言，一般在城市（市场）近处种植笨重、体积大因而运输量较大，或者运费成本相对其价格而言过高的作物，或者生产易于腐烂或必须在新鲜时消费的产品；随着距城市距离的增加，则种植相对于农产品的价格而言运费较小的作物。由此，在城市的周围将形成以不同农作物为主的依次排列的同心圆结构，并随之形成不同的农业形态和各种不同的农业组织形式，即以城市为中心，由里向外分别构成自由式农业、林业、轮作式农业、谷草式农业、三圃式农业、畜牧业。这种同心圆结构即杜能圈（图 2－5）。

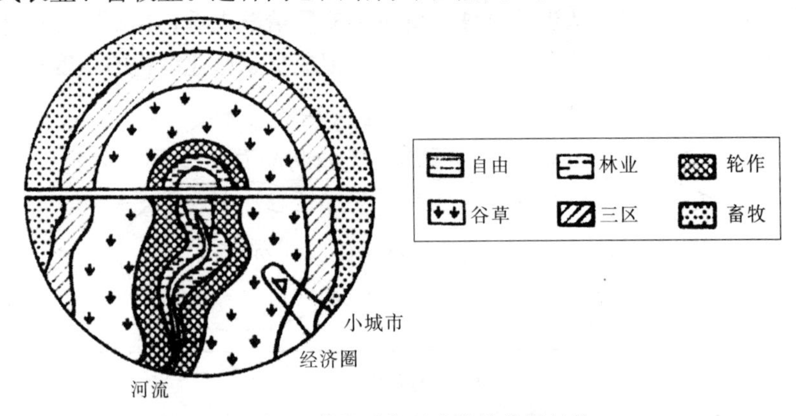

图 2－5　农业区位理论的杜能圈结构

根据劳动地域分工理论，在大都市及其周围应发展对区位条件、技术条件、交通条件要求高、接近市场、能满足市民需要的农业生产类型。如适应市民休闲、观光需求的服务型、体验型都市型现代农业和以生产蔬菜、花卉、鲜奶等农产品为主的产品型都市型现代农业，这些正是会展农业发展所依托的都市型现代农业的典型生产类型。运用农业区位理论，将有利于指导在会展农业这一新型农业发展模式下，如何进一步依托现有的都市型现代农业布局形式[①]，整合资源，优化产业布局，进而推动整个城市的发展。

（七）增长极和点—轴渐进扩散理论

增长极理论认为，“增长并非同时出现在所有地方，它以不同的强度首先出现在一些增长点或增长极上，然后通过不同的渠道向外扩散，并最终对整个经济产生不同的影响”。增长极理论强调集中投资、重点建设、集聚发展和政府干预，注重推动产业的发展和空间结构的优化。增长极理论对区域产业开发与规划有重要的指导意义。因此，可以为北京会展农业整体规划和布局等提供重要的理论依据。

点—轴渐进扩散理论的核心观点是“社会经济客体大都在点上集聚，并通过线状基础设施而联成一个有机的空间结构体系”。点—轴渐进扩散理论在区域规划中的具体运用是点—轴开发模式。其中，“点”指本区域的各级中心城镇；“轴”则指连接点的线状基础设施带。由此可知，点—轴渐进扩散理论可以为会展农业的总体布局提供理论指导。

（八）会展经济学

会展经济学是一门新兴的应用经济学科。会展“平台”（图 2－6）构成会展经济学的研究起点。会展经济学认为，会展业所提供的一种关键性产品就是由一系列会展活动所打造的信息交流、商品交易的平台。该平台的生产（建设）及其运作效率不仅遵循理性“经济人”的利润（或效用）最大化的假设，而且为资源的流动及优化配置提供良好的实现机制。会展经济学的研究以此平台为核心，而在这个核心周围，形成不同的研究内容和层次。首先，居于平台之上的，是会展业经营者或参与者所进行的会展管理、活动设计及提供的有关

---

① 近年来，北京市在大力发展都市型现代农业的过程中，逐步形成了城市农业发展圈、近郊农业发展圈、远郊平原农业发展圈、山区生态涵养农业发展圈和环京农业发展圈等功能定位相协调的五个农业发展圈层的布局形式。

服务。其次，居于最外层的是与会展业有关的产业政策和产业结构。最后，在市场结构以外，一个不容忽视的因素就是来自政府的政策和法规，这些政策和法规为会展业发展提供制度空间①。因此，运用会展经济学能指导会展农业未来如何健康、高效发展，尤其能在产业结构的布局和产业政策的制定方面提供理论指导。

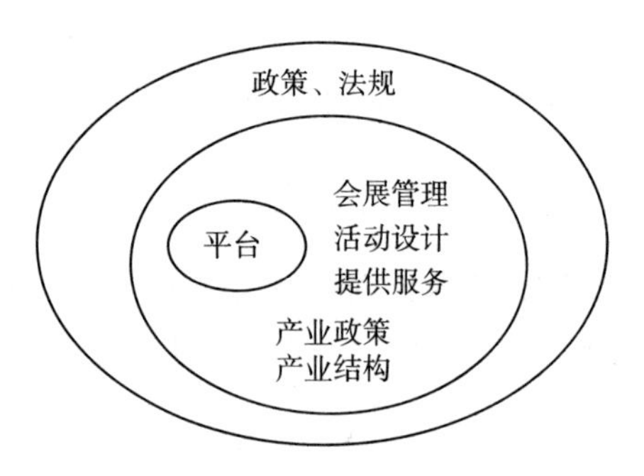

图 2-6　会展经济学的主要内容

（九）旅游经济学

旅游经济学主要围绕旅游经济活动的进行而展开。通过分析旅游经济活动的各个方面、旅游经济活动进行的条件、影响旅游经济活动进行的因素、旅游经济活动同社会经济活动乃至世界经济活动的关系等，揭示旅游经济活动过程中的各种经济现象、经济关系的本质，探索旅游经济活动的规律性。会展农业在其发展过程中，与会展旅游息息相关。两者的关系表现为，会展农业带动会展旅游的发展，而会展旅游的发展又进一步促进会展农业的提升。因此，在会展农业的系统分析中，运用旅游经济学能指导会展农业在未来发展中如何协调并充分发挥两者互动的关系。

（十）消费经济学和体验经济学

消费经济学主要研究人们的生活消费活动及其运动规律。生活消费问题是经济学和其他学科共同研究的对象。消费经济学作为专业经济学的一个分支学科，以消费关系和消费力的矛盾及统一这一整体作为考察对象，重点研究一定的消费关系制约下的消费力的合理组织问题，而并不囿于消费关系本身的探索。

① 杨勇．现代会展经济学．北京：清华大学出版社，北京交通大学出版社，2010.

体验经济学认为，所谓体验，就是企业以服务为舞台、以商品为道具，环绕着消费者，通过教育体验、娱乐体验、行为体验和情感体验等多种形式，创造出值得消费者回忆的活动，进而将消费意识由侵入逐步演变为吸收，将消费行为由被动逐步发展成主动的有机过程（图 2-7）。其中的商品是有形的，服务是无形的，而创造出的体验是令人难忘的。这三者对于消费者而言，前两者是外在的，仅体验是内在的，存在于个人心中，是个人在形体、情绪、知识上参与的所得。因此，体验经济的灵魂或主观思想核心就在于主题体验设计，而成功的主题体验设计必然能够有效地促进体验经济的发展。在体验经济中，“工作就是剧院”和“每一个企业都是一个舞台”的设计理念已在发达国家企业经营活动中被广泛应用。“体验经济”也正在成为中国 21 世纪初经济发展的重要内容和形式之一。

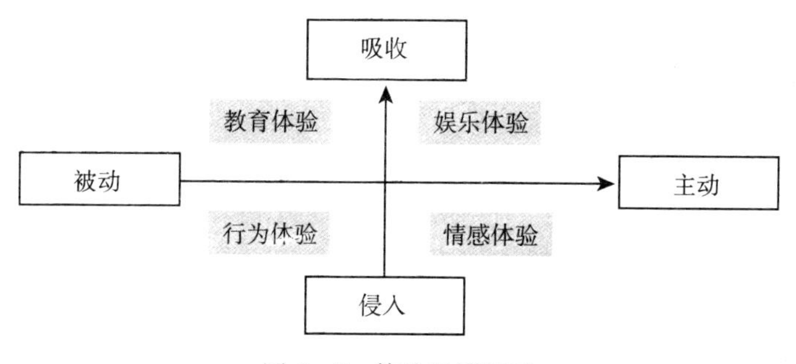

图 2-7　体验经济图示

综上所述，运用消费经济学和体验经济学可以指导会展农业在发展过程中，针对采摘园布局多、节庆活动趋于雷同等现状，以消费者需求、偏好及体验等为基点，探讨如何创新形式，丰富内涵，提升会展农业的质量和效率。

第三章　北京会展农业的主要特点与成功经验

一、目前北京会展农业的主要特点

（一）以都市型现代农业发展为基础，凸显国际化和品牌化趋势

近年来，北京市通过制定实施都市型现代农业基础建设及综合开发规划，启动高效农业示范点和精准农业循环农业示范区建设、一村一品和名优品牌建设、都市型现代农业走廊和特色乡村旅游带建设，以及“221 信息平台”和沟域经济等系列工程，使都市型现代农业得到长足发展。在此基础上，北京各区县结合各自资源优势和特色产业，通过以产业发展来申请承办一些国际上有影响力的学术会议或展览，如第七届世界草莓大会、第十八届国际食用菌大会、第七十五届世界种子大会和第十一届世界葡萄大会等，国际化趋势强劲。

另一方面，农产品品牌化、龙头企业品牌化、基地品牌化、园区品牌化、节庆品牌化和会展品牌化等的发展，充分彰显了北京会展农业的品牌化趋势。当前“顺义鲜花”、“昌平草莓”、“延庆葡萄”、“大兴西瓜”和“平谷大桃”等特色产业和品牌形象已逐渐成形，而针对磨盘柿、西瓜、大桃、苹果、板栗、京白梨以及草莓等八大类特色农产品的农产品地理标志保护行动也正在各区县紧锣密鼓地进行。此外，据农业部、北京农委网站及《北京市乡村旅游与观光农业发展年度报告（2011）》数据显示，截至 2010 年，北京已建立国家级农产品加工示范企业 30 家，国家级农业标准化示范区近 60 个，并依托“北京市观光农业示范园”、“北京最美的乡村”等乡村旅游品牌，推出了百余家市级观光农业示范园，154 个市级民俗旅游村和 8 713 家民俗旅游接待户。另依托全国农业展览馆、中国国际展览中心等现有资源，推出了“中国国际农产品交易会”和“中国国际集约化畜牧展览会”等品牌会展，依托各区县特色资源，推出了“平谷桃花节”、“大兴春华秋实”和“房山梨文化节”等品牌地区节庆。2012 年 9 月在北京举行的第十届中国国际农产品交易会上，“培育北京农业知名品牌”的大型展板额外醒目，尽显北京会展农业品牌化之风采（图 3 - 1）。

图 3－1　第十届中国国际农产品交易会北京地区展牌

（二）以科学技术为支撑，聚集多种农业形态活力

近年来，北京市农业科技围绕农业生物技术、农业育种、农业投入品等几大关键领域，从前沿技术创新、应用研究、服务体系三个层面全面部署，为北京会展农业提供了强有力的支撑。“十一五”期间，科技对北京经济增长的贡献率从 6.4％增至 8.7％[①]。在此条件下，作为都市型现代农业高端形态的会展农业，通过示范、推广、普及和推行籽种农业、设施农业、循环农业和有机农业等多种会展农业的外延形态，聚其活力，充分发挥高端引领作用，推动了北京农业的发展。

1. 示范推广籽种农业，深化农业生产功能　北京是全国种质资源中心。近年来，按照研发、生产、交易并进的发展思路，籽种农业成绩斐然[②]。在此基础上，会展农业以农业育种基础研究创新平台为根基，以农业生物技术孵化器和籽种产业基地的建设为载体，以示范推广籽种农业为手段，深化了农业的

① “‘十二五’规划与首都科学发展”专题新闻发布会．北京市科学技术委员会网．2011.

② 如北京育种机构众多，每年新育成各类作物品种 400 个左右，建有全国唯一的肉用种鸡原种场，拥有全国唯一自主知识产权的蛋鸡品种；鲟鱼和虹鳟鱼良种繁育水平全国领先，其中鲟鱼种苗在全国市场占有率达到 70％以上。此外，全国种业前 10 强中有 4 家北京市的企业；全球 10 强种业巨头，有 8 家在首都建立研发或分支机构。

生产功能。仅2008年全市小麦制种面积达7万亩[①]，蔬菜制种面积7 000亩，玉米制种面积1万亩，繁育锦鲤水花2 500余尾，在京郊共推广2 320亩[②]，同时实施奶牛良种换代工程、蛋种鸡推广工程和蔬菜新品种更新换代工程等多个重大项目，有力地开发了农业生产功能。

2. 普及推广设施农业，深化农业高效功能 目前，北京市通过实施“百村万户一户一棚设施农业推进工程”、“两区两带规模化设施农业推进工程”、“多群落特色产业推进工程”、“基础设施配套建设工程”和“配套服务体系推进工程”五项工程，推动了全市设施农业的发展，使设施农业“两区、两带、多群落”[③] 的新格局初步形成。在此基础上，会展农业依靠改善配套设施，集成设施生产管理技术和装备，建成一批设施园区和生产基地群落，有力地带动了全市设施农业整体水平的提高，深化了农业高效功能。2009年，全市设施农业总面积达28.1万亩，设施蔬菜总收入占蔬菜总收入的43%[④]。预计到2012年，北京全市设施群落面积将达到约1 333.33公顷（2万亩）[⑤]。

3. 展示推行循环农业，深化农业生态功能 近几年，北京市加大了对循环农业的推行和扶持。鼓励种植、养殖等生产单位按照循环经济要求，大力采用现代科学技术，应用和推广节地、节水、节能的农业技术和经营管理制度，实现林、菌间作，果、草、畜一体化等生产经营方式转变，促进减量化、再循环、资源化发展，提升区域农产品质量和区域生态环境，深化农业生态功能，并对处于全市先进的区域和项目，给予以奖代补或者定额的补贴。目前，作为会展农业平台衍生体形式之一的循环农业，在北京已形成了以蟹岛绿色生态度假村为代表的农业园区模式，以顺义区北朗中农工贸集团为代表的农业产业链转换模式，以房山区庙耳岗村为代表的农业废弃物多级循环模式，以及以大兴区留民营村为代表的沼气工程模式等多种形式，这不仅对北京，也对全国起到了较好的展示和引领作用。

---

① 亩为非法定计量单位。1亩=1/15公顷。

② 北京市农村工作委员会．北京市农村产业发展报告（2009）．北京：中国农业出版社，2009.

③ 两区，一是包括大兴和房山两区的南部设施生产区，二是包括顺义和通州两区的东北部设施生产区；两带，一是横贯昌平、密云、怀柔、平谷4个区县的山前特色设施产业带，二是指包括延庆、怀柔、密云3个区县的山区设施蔬菜产业带；多群落：指分布于各区县的设施农业生产园区和生产基地。

④ 北京市农村工作委员会．北京市农村产业发展报告（2010）．北京：中国农业出版社，2009.

⑤ 北京市人民政府关于促进设施农业发展的意见．北京市人民政府公报，2008（15）.

4. 宣传推动有机农业，深化农业消费功能　近年来，受政府鼓励政策和消费市场的影响，北京市有机产品发展进入了快速发展阶段。到2008年，有机产品累计生产单位达到380多家，生产规模累计为1.31万公顷（种植业，不含外埠基地）[①]。在此基础上，结合各地区不同消费者的特点，会展农业从引导消费者行为，提升生产者理念的角度，大力宣传和推动有机农业的发展。如据统计，在北京涉农会展中，以“有机、绿色”为主题的会展，由2010年的3个增加到2012年的6个，增速达100%；以“健康营养”为主题的会展，由2010年的2个增加为2012年的9个，增速达350%（表3-1）。又如，在延庆葡萄会展农业的带动下，有机生产技术及管理在当地得到广泛推广和运用，该县葡萄生产地张山营镇4 000余亩葡萄生产地已获得了有机认证，并于2010年被评为北京市唯一的“全国优质葡萄生产示范基地”[②]。此外，2011年中国绿色食品有机食品北京展销中心[③]的成立，更是标志着高端特色展览平台应运而生（图3-2）。

表3-1　北京涉农会展中健康营养等主题会展分布概况一览表（2010—2011年）

年　份	涉农会展总数（个）	有机、绿色主题		健康营养主题		食品安全主题	
		数量（个）	比重（%）	数量（个）	比重（%）	数量（个）	比重（%）
2010年	29	3	10.34	2	6.90	1	3.45
2011年	49	2	4.08	4	8.16	1	2.04
2012年	70	6	8.57	9	12.86	2	2.86
2012年比2010年增减（±%）	141.38	100	—	350	—	100	—

注：比重指占涉农会展总数的比重。

资料来源：根据北京会展网、中国农业会展网等资料计算和整理。

① 周绪宝等．北京市无公害农产品、绿色食品和有机农产品的现状分析和发展对策．中国农业资源与区划．2010（12）．

② 北京延庆县张山营葡萄销路广．中国农业信息网．2011（9）：16.

③ 该中心由中国绿色食品发展中心和国家农产品质量安全中心批准授牌成立，其目标是打造国内外绿色有机食品“集聚—融通—整合”的全产业链系统工程，为商家和消费者提供最佳的购销平台，以及中国最权威、最专业的绿色有机食品的展销中心。

图 3-2　中国绿色食品有机食品北京展销中心成立庆典

（三）以涉农会展为平台，多产业融合发展

近年来，随着北京会展设施的逐步完善，北京的涉农会展数量不断增加，办展层次和办展规模迅速提升，会展农业日益成为都市型现代农业的重要实现形式，并呈现出加速发展态势。根据北京会展网等相关资料统计，2010—2012年，北京共举办涉农会展 148 场（附表 1、附表 2 和附表 3）。其中，2010 年为 29 个，2012 年增加为 70 个，增速达到 141.38%（表 3-2）。会展内容包括农、林、牧、渔等领域，具体产品涉及农副产品、深加工产品、调味品、农业机械加工包装设备、冷藏冷冻设备、检测仪器等国内外新产品和先进技术设备。在会展场馆方面，据《北京会展业发展报告（2011）》数据显示，至 2010 年年末，全市专业展览馆的总展览面积达 67.6 万米²，比 2005 年增加 40.9 万米²，增长 1.5 倍。具体而言，如表 3-3 和表 3-4 所示，目前，能举办各类涉

表 3-2　北京涉农会展行业分布概况一览表（2010—2011 年）

年　份	涉农会展总数（个）	综合性会展		专业性会展	
		数量（个）	比重（%）	数量（个）	比重（%）
2010 年	29	11	37.93	18	62.07
2011 年	49	7	14.29	42	85.71
2012 年	70	17	24.29	53	75.71
2012 年比 2010 年增减（±%）	141.38	54.55	—	194.44	—

资料来源：根据北京会展网、中国农业会展网等资料计算和整理。

表 3-3　北京涉农会展场馆汇总表一（已建馆）

展馆名称	展馆总面积（米²）	室内面积（米²）	室外面积（米²）	场馆数	楼层数	标摊数	库房面积	展馆地址	展馆所属方/投资方
中国国际贸易中心	10 000	10 000	1 200	3	2	0	486	建国门外大街 1 号	由对外贸易经济合作部所属鑫广物业管理中心和马来西亚郭氏兄弟集团所属香港嘉里兴业有限公司共同投资兴建
中国国际展览中心	123 759	65 752	64 688	8	4		2 000	北三环东路 6 号	中国国际展览中心集团公司
中国国际展览中心（新馆）	100 000	140 820	50 000	0	0	0	0	顺义区天竺地区裕翔路 88 号	中国国际展览中心集团公司
北京展览馆	27 578	22 000	1 300	12	2	0	800	西城区西直门外大街 135 号	北京展览馆展览服务公司
国家会议中心	35 000	35 000	0	6	2	—	—	朝阳区天辰东路 7 号	北京北辰实业集团公司
北京国际会议中心	12 000	5 000	2 000	45	8	300	2 000	朝阳区北四环中路 8 号	北京北辰实业集团公司
全国农业展览馆	51 300	21 301	30 000	5	1	535	150	朝阳区东三环北路 16 号	—
北京海淀展览馆	14 000	8 000	6 000	3	1	400	0	海淀新建宫门路 2 号	海淀鑫泰世纪文化发展有限公司
北京民族文化宫展览馆	3 380	3 160	0	5	2	150	0	西城区复兴门内大街 49 号	—
北京东六环展览中心	50 000	38 000	0	5	—	850	—	顺义区李桥镇李桥村南	北京市东六环展览中心有限公司
中国科技会堂	7 200	700	800	2	4	20	1 200	海淀区复兴路 3 号	中国科学技术协会
中国建筑文化中心建筑展览馆	9 700	9 100	0	3	3	325	0	海淀区三里河路 13 号	—
中国国际科技会展中心	30 000	8 200	0	3	2	340	0	朝阳区裕民路 12 号	—
中国绿色食品有机食品北京展销中心	20 000	20 000	0	3	—	270	—	北京农学院大学科技园	北京大盛魁北农农产品市场有限公司

资料来源：根据相关资料整理。

表 3-4　北京涉农会展场馆汇总表二（正在建设或待完善）

区　县	展馆名称	基本情况	地　址
怀柔	北京雁栖湖国际会议中心	预计总建筑面积 4 万米^2，工程总投资 20 000 万元	怀柔区雁栖湖西岸半岛
房山	房山长阳半岛休闲旅游区	规划建设中	房山区长阳半岛
	世界现代农业都汇	项目建设面积 4 万米^2、规划建成以农业为主题的国际交流中心，国际农业成果推广中心	房山区琉璃河镇
	北方温泉会议中心	占地 200 亩，有 9 个大小各异、高档豪华的会议室	房山区房山良乡梅花街 7 号
延庆	北京八达岭国际会展中心	占地 322 亩，主展馆面积 2.2 万米^2	延庆妫水北街
	“马主题”会展展馆	项目规划占地 238 亩	延庆八达岭镇
密云	密云龙湾水乡国际旅游中心	建设中预计总投资超过 50 亿元	密云巨各庄镇
朝阳	北京蟹岛绿色生态度假村	占地 2 500 亩，共有会议室 11 间，可接待近 800 人举行会议	朝阳区金盏乡
顺义	北京怡生园国际会议中心	拥有 100～880 米^2 不同规格的大、中、小型会议室及贵宾室 19 个	顺义区北小营镇左堤路 5 号
	中国国际展览中心（新馆）二期	计划建设展馆、综合楼、仓库等，地上建筑面积 19.4 万米^2	顺义区天竺地区
通州	会展综合服务区	会展综合服务区是通州现代化国际新城运河核心区的一个重要功能区之一，占地面积 154 公顷，将着力建设国际一流的会展综合服务中心，承办各种国际会议，大力提示新城国际化水平	通州运河与六环交汇北岸
石景山	京西国际会展中心	项目总用地 15.953 公顷，规划建筑面积约 83 万米^2	石景山区老古城地区
丰台	青龙湖·国际文化会都	在建中，共建签约额为 200 亿元	丰台区王佐镇青龙湖东北侧
	国际园林博览会	267 公顷建设用地	丰台区境内永定河畔绿色生态发展带
门头沟	中瑞生态谷	总投资约 200 亿元	门头沟区王平镇
大兴	中华农博园（大兴）	2 000 亩划用地。项目总投资约人民币 17 亿元	大兴区魏善庄镇东沙窝村

资料来源：中国国际贸易促进委员会北京市分会等，《北京会展业发展报告 2011》，对外经济贸易大学出版社，2011 年 9 月；以及根据其他相关资料整理。

农会展并有一定规模和影响度的场馆共计 30 家，其中已建设和正式承接展会的 14 家，在建和有待完善的 16 家；在已建场馆中，展馆总面积超过 10 万米^2 的有 2 家，分别是中国国际展览中心及其新馆，其次为全国农业展览馆（51 300 米^2）。

依托蓬勃发展的涉农会展，北京会展农业强有力地带动了相关产业的发展。如大兴区在发展会展农业之际，有效地拉动了餐饮、旅游、建筑和文化创意等关联产业的发展。以文化创意产业为例，该区利用“春华秋实”等节庆活动，大力开发创意农产品和创意园区，发展创意旅游，并突出体育休闲、文化感受、产品采摘、美食品尝、参与体验等主题，促进了多产业的融合发展。

（四）以政府扶持为契机，推动区域经济发展

近年来，北京市政府和各区县从政策及资金上对北京会展农业的发展给予扶持。在政策扶持方面，如北京市委、市政府于 2006 年在《“十一五”时期旅游业及会展业发展规划》中，明确提出将会展业作为“北京第三产业的支柱产业之一”的 5 年规划，于 2011 年在《“十二五”时期会展业发展规划》中进一步提出，通过 5 年的奋斗，“将北京建设成为亚洲会展之都、全球国际会议五强举办地之一、亚洲排名领先的会展旅游目的地以及中国会展行业的引领者”。在资金扶持方面，如北京市东城区《关于大型国际会展活动主办方资金管理补贴管理办法》明确了包括设立专项补贴资金和缴纳营业税的优惠措施等相关办法①。又如大兴区 2010 年投资 5 000万元，以“园区景点化、种植艺术化、包装品牌化、服务规范化”为目标，对 11 家农业观光园进行了改造②，丰富了园区内涵，塑造了园区特色，激发了市场潜力。

在政府的大力支持下，各区县结合区域农业特点，以休闲农业、籽种农业、设施农业、循环农业、生态农业和沟域经济等多业态组合方式，以会展农业为龙头，积极申办各类展会，筹办多种节庆，建立示范组群，进而培育特色支柱产业，拓宽当地农民就业和增收渠道，带动区域经济发展。如延庆县以举

---

①　专项补贴资金由东城区政府出资。若会议主办方会展消费金额达到 10 万元以上，将按照会展活动消费金额 10%的比例给予会议主办方。同时，根据 2001 年京地税营 507 号文规定，展览组办企业可以按代理业缴纳营业税；组展企业收入可以扣除展览场租、展台搭建和交通差旅费用以后缴纳营业税。在此基础上，2005 年 578 号文又进一步增加了展品运输、宣传广告、广告印刷等扣除事项。此外，中介代理机构代理组办会议，凭借受托或协议可扣除会议场租、会场布置和委托方参会人员食宿差旅费用后缴纳营业税。

②　依托农业产业和农业文化资源优势，促进观光休闲农业发展．北京市大兴区农委资料。

办2014年世界葡萄大会为契机，积极打造和建设“一带、一园、一场、四中心”的葡萄产业布局。其中，“一带”即葡萄酒庄产业带，位于北山旅游观光带内，全长50千米，预计将发展葡萄种植规模6万亩，建设特色酒庄30余家①，届时，产业带将发展成为国际、国内大城市和高端葡萄酒消费地区主要葡萄酒知名产地。同时，此产业带所处的山区沟域与该县百里山水画廊沟域和四季花海沟域共占延庆县70%以上的县域面积，在会展农业的带动下，延庆县的特色休闲农业、沟域经济和生态涵养经济将对该地区的经济和社会发展起到巨大推动作用。

（五）以首都效应为优势，辐射并带动全国农业发展

从国际会展农业的实践来看，无论是纽约、巴黎、伦敦、柏林还是东京，在这些世界城市中，城市建设和农业发展相得益彰，通过发挥首都的示范效应，会展农业较好地辐射或带动了该国农业的发展。从北京会展农业的实际来看，北京是中国的首都，同时还是中国华北地区的最大城市，在京、津、冀都市圈和中国三大经济圈之一的环渤海经济圈中都具有举足轻重的作用。通过发挥首都示范效应的优势，北京在生产、加工、流通和销售等环节均能起到较好的示范作用，从而引领全国农业的发展。如每年在丰台举办的北京种子大会，以“打造种业之都，搭建丰收舞台”为主题，通过建立全国性的种业发展信息交流平台、国内外经贸洽谈合作平台，以及农民增收和产业提升的发展平台，汇聚种业产业链上各环节的精英，展示国内外各类名特优新品种，彰显了首都种业作为全国农作物新品种展示、种子贸易和信息交流中心的作用，积极推动了全国农业的发展。

二、北京会展农业发展的成功经验

经过“十一五”期间的蓬勃发展，北京会展农业的成功经验主要表现为以下几方面：

（一）在平台上，形成了“专业性会展逐步取代综合性会展主体地位”的明显趋势

在会展农业平台的本体构成部分，根据涉农会展的主要展出内容，可分为

① 赵方忠．世界葡萄大会驾临延庆．投资北京．2011（5）．

综合性会展和专业性会展两大类。如表3－2所示，2010—2012年，北京综合性会展由11个增加到17个，增速为54.55％，占涉农会展的比重由37.93％下降为24.29％；专业性会展由18个增加到53个，增速达194.44％，占涉农会展的比重由62.07％上升为75.71％。由此可见，专业性会展较综合性会展呈现出更为快速增长的态势，并占据了行业分布的主体地位。从理论和发达国家会展农业发展的实际经验来看，综合性会展的经济效益不如专业性会展，会展的前景是专业化。北京涉农会展平台的行业分布正吻合了这一发展规律。

（二）在层次上，形成了“国际性会展[①]为主、国内会展为辅和京郊节庆繁多”的纷呈局面

根据表3－5所示，在北京举办的涉农会展中，国际性会展从2010年的23个增加为2012年的53个，增速为130.43％，占涉农会展的比重2010年为79.31％，2012年为75.71％。与国内会展相比，其主体地位稳定。在当前经济全球化的背景下，会展业已成为促进国际化大都市经济繁荣的重要力量，其发达程度更是衡量国际化大都市的一个重要标志。因此，从建设世界城市的高度来看，北京国际性涉农会展趋于稳定的主体地位具有重要的战略意义。同时，在国际性涉农会展中，世界草莓大会等学术会议拓展型会展已成为一道亮丽的风景线（详见第四章）。其次，北京各区县结合各自资源、产业和文化优势推出了众多的节庆活动，如大兴西瓜节、平谷桃花音乐节和密云鱼王美食节等。

表3－5　北京国际性涉农会展和国内涉农会展概况一览表（2010—2011年）

年　份	涉农会展总数（个）	国际性涉农会展		国内涉农会展	
		数量（个）	比重（%）	数量（个）	比重（%）
2010年	29	23	79.31	6	20.69
2011年	49	30	61.22	19	38.78
2012年	70	53	75.71	17	24.29
2012年比2010年增减（±%）	141.38	130.43	—	183.33	—

注：比重指占涉农会展总数的比重。

资料来源：根据北京会展网、中国农业会展网等资料计算和整理。

① 本文所指的国际性会展是指会展名称中带有“国际”或“世界”字样的会展。

（三）在客体上，形成了“农产品、农业生产资料和技术设备、农业技术人才”三类范畴

在农产品方面，从性质来看，除传统的各类初级农产品、加工农产品和可供直接消费的农产品外，有机食品、绿色食品和健康食品会展的数量逐渐呈增长趋势。据初步统计，北京涉农会展中，以“有机、绿色”为主题的会展由2010年的3个增加为2012年的6个，增速达100%，以“健康营养”为主题的会展由2010年的2个增加为2012年的9个，增速达350%（表3-1）。这既反映出北京作为首都，其消费市场的高端化特点，也体现了其引领我国农产品生产和消费趋势的特殊功效，同时充分展现出中国农业从传统的追求数量向现代追求质量的理念转变。

另一方面，从涉农会展的具体类别来看，近两年“粮油”类的会展异军突起。由2010年的1个增加为2012年的8个，增速达700%，位居各类别会展增速的第一位（表3-6）。这无疑反映了当前我国粮油产业特别是食用油产业在面临国际竞争危机的风险浪尖时刻，会展农业的结构调整、产业聚集和经济推动功效。此外，酒品（500%）、渔业（400%）、调味品（300%）和果蔬（200%）等类别会展的快速发展（表3-6），反映了北京作为首都和在建设世界城市过程中，消费的高端化、农业的多功能性和涉农会展的纵深化发展趋势。

表3-6 北京涉农专业性会展类别概况一览表（2010—2011年）

年份	涉农会展总数（个）	专业性会展									
		粮油		茶叶		调味品及添加剂		果蔬		渔业	
		数量（个）	比重（%）	数量（个）	比重（%）	数量（个）	比重（%）	数量（个）	比重（%）	数量（个）	比重（%）
2010年	29	1	3.45	1	3.45	0	0.00	1	3.45	0	0.00
2011年	49	3	6.12	2	4.08	3	6.12	1	2.04	3	6.12
2012年	70	8	11.43	2	2.86	3	4.29	3	4.29	4	5.71
2012年比2010年增减（±%）	141.38	700	—	100	—	300	—	200	—	400	—

（续）

年　份	涉农会展总数（个）	专　业　性　会　展							
		会　议		营养保健品		酒　品		其　他	
		数量（个）	比重（%）	数量（个）	比重（%）	数量（个）	比重（%）	数量（个）	比重（%）
2010年	29	3	10.34	0	0.00	0	0.00	12	41.38
2011年	49	9	18.37	2	4.08	2	4.08	17	34.69
2012年	70	9	12.86	3	4.29	5	7.14	16	22.86
2012年比2010年增减（±%）	141.38	200	—	300	—	500	—	33.33	—

注：1. 比重指占涉农会展总数的比重；

2. 其他包括花卉苗木、农机、肥料饲料和农药、种子和其他等性质的会展。

资料来源：根据北京会展网、中国农业会展网等资料计算和整理。

在农业生产资料和技术设备方面，农业高新技术、农业机械、温室及节水灌溉和农村新能源等纷纷囊括于涉农会展之中。如2012年中国食品与农产品质量安全检测技术应用国际论坛暨展览会等。在农业技术人才方面，各类农业人才专场招聘会争先登场，为农业人才的招聘和流动打造了良好平台，如每年的全国兽药行业人才招聘会等。

（四）在支柱上，形成了“草莓、籽种、食用菌、花卉、西瓜、葡萄”六大产业

北京会展农业经过“十一五”期间的蓬勃发展，目前已经形成六大支柱会展农业产业带（表3-7），这六大产业将成为“十二五”期间北京市会展农业产业发展的重点。

表3-7　北京六大会展农业产业带

会展农业产业带	形成及辐射区域
草莓会展产业带	以昌平草莓产业和世界草莓大会会展设施为基地，辐射门头沟
籽种会展产业带	以丰台、顺义籽种产业和世界种子大会会展设施与国际种业交流中心为展示基地，辐射朝阳、海淀
食用菌会展产业带	以通州食用菌产业和世界食用菌大会会展设施为基地，辐射房山、海淀

（续）

会展农业产业带	形成及辐射区域
花卉会展产业带	以顺义花卉产业为核心，以第七届中国花卉博览会会展设施和北京国际鲜花港为基地，辐射大兴、通州、丰台、朝阳和海淀
西瓜会展产业带	以大兴西瓜产业为核心，以中国西瓜博物馆等场馆设施为基地，辐射通州和顺义
葡萄会展产业带	以延庆葡萄产业为核心，以世界葡萄大会会展设施为基地，辐射大兴、通州、密云和顺义

资料来源：此表根据调研资料整理。

（五）在资源上，形成了“科技为先、多种品牌、系列场馆”的支撑体系

作为会展农业发展的软件和硬件基础，无论从种质资源、引育农作物新品种等农业技术到设施农业、循环农业等农业形态，以及从农业科研、教学机构到会展场馆，北京在这些方面的发展均处于全国先列。当前，农产品品牌化、龙头企业品牌化、基地品牌化、园区品牌化、节庆品牌化和会展品牌化等的发展，为北京会展农业的发展提供了雄厚的产业基础。而就会展场馆而言，北京涉农会展主要集中在全国农业展览馆、北京展览馆、国家会议中心、中国国际展览中心和中国国际贸易中心及其他一些展馆举行。其中，在前五者举办的涉农会展数占总数的比重，2010 年由高到低依次为中国国际展览中心（34.48％）、北京展览馆（13.79％）、全国农业展览馆、国家会议中心和中国国际贸易中心（均为 10.34％）；2012 年为中国国际展览中心（48.57％）、全国农业展览馆（15.71％）、国家会议中心（14.29％）、北京展览馆（4.29％）、中国国际贸易中心（4.29％）（表 3－8）。从中可以看出，中国国际展览中心因其新馆的建成和投入运行，以其资源优势成为目前举办北京涉农会展的最主要场馆，已约占居总数量的 1/2；在全国农业展览馆和国家会议中心举办的涉农会展数量和比重均呈现增加趋势，而在北京展览馆及中国国际贸易中心举办的涉农会展数量则呈现迅速递减趋势。

表 3-8 北京涉农会展举办场馆分布概况一览表（2010—2011 年）

年份	涉农会展总数（个）	举办场馆					
		全国农业展览馆		北京展览馆		国家会议中心	
		数量（个）	比重（%）	数量（个）	比重（%）	数量（个）	比重（%）
2010 年	29	3	10.34	4	13.79	3	10.34
2011 年	49	12	24.49	4	8.16	3	6.12
2012 年	70	11	15.71	3	4.29	10	14.29
2012 年比 2010 年增减（±%）	141.38	266.67	—	−25	—	233.33	—

年份	涉农会展总数（个）	举办场馆					
		中国国际展览中心		中国国际贸易中心		其他	
		数量（个）	比重（%）	数量（个）	比重（%）	数量（个）	比重（%）
2010 年	29	10	34.48	3	10.34	6	20.69
2011 年	49	13	26.53	2	4.08	15	30.61
2012 年	70	34	48.57	3	4.29	9	12.86
2012 年比 2010 年增减（±%）	141.38	240	—	0	—	50	—

注：1. 数量指在各展览馆举办的涉农会展的数量；

2. 比重指在该展览馆举办涉农会展的数量占涉农会展总数的比重。

资料来源：根据北京会展网、中国农业会展网等资料计算和整理。

（六）在机制上，形成了“政府主导、行业组织联动、企业带动、农户参与”的运行模式

区别于国外成熟的会展农业的市场化运作机制，由于目前北京市的会展农业尚处于起步和发展阶段，所以在很大程度上有赖于政府的扶持和主导，以吸引投资、推介产品为主。从表 3-9 来看，在北京涉农会展中，由政府、企业、行业组织所主办的会展所占比重 2010 年分别是 27.59%、10.34%和 31.03%，2012 年依次为 10%、11.43%和 55.71%。从数据上分析，北京会展农业的发展已由第一阶段即政府主导阶段逐步进入到第二阶段，即协会和商会等行业组织主导阶段。但从北京实际情况来看，由于北京拥有最丰富的行政资源，是大部分行业组织总部所在地，且这些组织机构往往都具有政府背景，因此，政府

依然是涉农会展发展的重要推动力量。与此同时，企业主体比重的上升也显现出会展运作企业化的趋势。另一方面，在政府主导、行业组织联动和企业带动的基础上，北京会展农业汇集龙头企业、示范基地、科技园区等多种形式，积极引导农户主动参与，促进农业增效、农民增收和农村发展。

表 3-9 北京涉农会展主办主体分布概况一览表（2010—2011 年）

年 份	涉农会展总数（个）	政 府		企 业		行业组织		其 他	
		数量（个）	比重（%）	数量（个）	比重（%）	数量（个）	比重（%）	数量（个）	比重（%）
2010 年	29	8	27.59	3	10.34	9	31.03	9	31.03
2011 年	49	7	14.29	4	8.16	20	40.82	18	36.73
2012 年	70	7	10	8	11.43	39	55.71	16	22.86
2012 年比 2010 年增减（±%）	141.38	－12.5	—	166.67	—	333.33	—	77.78	—

注：1. 比重指占涉农会展总数的比重；

2. 主办方的其他类别中包括科研机构、学术团体及产业联盟等。

资料来源：根据北京会展网、中国农业会展网等资料计算和整理。

（七）在效应上，形成了“以会兴业、以会惠民、以会兴城”的聚集、辐射和带动作用

近年来，北京各区县依托特色产业优势，积极申请承办国内及国际上有影响力的各类会议或展览，在筹办过程中，以会展促进产业结构转型，有效地促进了经济发展。同时，作为中国的首都、华北地区的最大城市，以及京、津、冀都市圈和环渤海经济圈的核心城市，通过发挥首都示范效应的优势，北京较好地引领了全国农业的发展。“以会兴业、以会惠民、以会兴城”的连带效应日益显现。如昌平草莓会展农业带动昌平区 5 个镇、46 个村、3 500 多户农民发展草莓种植，草莓产值从 2008 年的 2 000 多万元增长到 2012 年突破 2.5 亿元；丰台地区通过发展籽种会展农业，全力打造全国“种业之都”。目前，全国种业前 10 强中，北京市的企业有 4 家，全球 10 强种业巨头有 8 家在首都建立研发或分支机构；始建于 2010 年的国家现代农业科技城，目前已经联合 20 个涉农国家工程技术研究中心、25 个国家工程中心、52 个国家重点实验室开展农业科技创新研究，并已经吸引美国杜邦、法国利马格兰等 10 余家跨国公司，首农、大北农等 98 家农业龙头企业及中粮集团、中种集团等 6 家央企总部在京聚集，为全国现代农业的发展等提供技术引领、先导示范和服务支撑（详见第四章）。

第四章　北京会展农业发展的模式与典型案例

一、学术会议拓展型发展模式与典型案例

（一）学术会议拓展型发展模式的内涵

从表 4－1 可以看出，目前北京已形成的学术会议拓展型发展模式是指在申请到由国际园艺科学学会和国际蘑菇科学学会等国际学术型组织主办的相关学术会议举办权的基础上，将这些国际知名会议拓展为展会，并以此为契机，进行新的产业规划和布局，发展特色农产品，扩大农业影响力，促进经济发展。其典型代表主要包括密云板栗会展农业、昌平草莓会展农业、通州食用菌会展农业以及延庆葡萄会展农业等。这一类型是北京地区特有的，是亮点，是一种创新，它通过产、学、研相结合，利用学术会议平台，通过“无中生有”以实现“四两拨千斤”的功效，即兴业富民，发展产业，培养消费者，富裕农民。

表 4－1　北京学术会议拓展型会展农业主办及申办概况一览表

特色农产品	举办时间	举办地点	学术会议		拓展型大会		
			名　称	主办方	名　称	主办方	承办方
板栗	2008 年 9 月 24～28 日	密云	第四届国际板栗学术会	国际园艺科学学会（ISHS）	2008 中国密云国际板栗文化节	中国园艺学会、中国林业产业协会、北京市农村工作委员会、北京市园林绿化局、密云县人民政府、北京农学院、国家林业局林产工业规划设计院	密云县农村工作委员会、密云县林业局
草莓	2012 年 2 月 18～22 日	昌平	第七届世界草莓大会	国际园艺科学学会（ISHS）	2012 年第七届世界草莓大会	国际园艺学会、农业部、北京市人民政府、中国工程院、中国园艺学会	北京市昌平区人民政府、北京市农林科学院、中国工程院农业学部、中国园艺学会草莓分会

（续）

特色农产品	举办时间	举办地点	学术会议		拓展型大会		
			名　称	主办方	名　称	主办方	承办方
食用菌	2012年8月26～30日	通州	第十八届国际食用菌大会	国际蘑菇科学学会（ISMS）	2012年第十八届国际食用菌大会	中国农业科学院、中国食用菌协会、中国食品土畜进出口商会	中国农业科学院农业资源与农业区划研究所、北京市通州区政府
葡萄	2014年7月28日至8月8日	延庆	第十一届世界葡萄大会	国际园艺科学学会（ISHS）	2014年第十一届世界葡萄大会	筹办中	

资料来源：根据相关资料整理。

由于该发展模式所借助的学术性会议这一平台具有非营利性的特点，因此该模式在发展初期，需要政府对申请和筹办会议的整个过程给予政策与资金方面的大力支持。这种发展模式主要适用于具有一定产业发展基础且当地政府支持力度较大的区域。

（二）典型案例分析

1. 昌平草莓会展农业

（1）发展简况。我国是野生草莓资源最丰富的国家。近几年来，随着经济实力的不断增强和人们生活水平的不断提高，草莓产业在我国发展迅猛。目前，我国已成为全世界草莓种植面积最大、产量最多的国家。在这一发展进程中，北京市昌平区凭借其天然的自然优势和雄厚的科技优势，一跃成为全国乃至世界草莓产业的沃土，并于2008年3月在西班牙成功获取第七届世界草莓大会①的举办权。以此为契机，为办好这次“草莓业的奥运会”，昌平区制定了一套完善和提升草莓产业的发展规划，以打造华北地区重要的草莓加工和配送中心、全国领先的现代草莓种业基地、世界一流的草莓科技创新和产业化平台，以及集经济、社会、生态效益于一体的、规模化、集约化的精品草莓产业集聚区。2012年2月，作为北京市主办的第一个世界级农业展会，第七届世界草莓大会在北京昌平成功举办。区别于以往该会议在国际其他城市举办时保持和引领学术研究前沿的特点，本次大会创新性地构造和实现了“兴业、惠

① 历届草莓大会都汇集了世界草莓学术界、产业界的精英及最前沿的科技成果，成为引领世界草莓产业发展趋势的风向标，并极大地推动了举办国草莓产业的发展。

民、兴城”的北京会展农业的核心理念，实现了“办好草莓大会，拉动一个产业，富裕一方农民”的目标，创造了都市型现代农业“市场导向、功能融合、科技支撑、富裕农民”的基本经验，同时揭示出大会取得良好的社会和经济效益的关键，即在于其“多产业融合性”、“多主体参与性”和“多群体体验性”的特点。

（2）运行机制。昌平草莓会展农业主要采取“政府主导、企业带动、社会广泛参与”的运行机制。

首先，“政府主导”，即从草莓大会的申办到筹办，都由政府直接主导。从表4-1可以看到，无论是草莓学术会议的申请方，还是草莓大会的主办、承办和协办方等，各级政府及相关部门均构成其主要组成部分。如为筹办好此次大会，北京市委、市政府成立了“决策层、指挥层、执行层”三级筹办机构，市委、市政府领导和相关职能部门领导即成为筹办机构的领导或成员，同时作为大会筹办属地政府，昌平区成立了草莓大会组委会，下设“一室十一部”①具体负责大会筹办的各项工作。如此级别高、规模大、部门全的大会三级指挥体系的有效运行，为此类大型会议的成功举办提供了重要保障。

其次，“企业带动”是指在草莓产业发展和展会运作等方面，实行企业化的运行方式。在产业发展方面，为配合草莓产业规划的实施，近年，昌平区采取“龙头企业＋基地＋农户”或“种植中心＋农户”的模式，以龙头企业或种植中心组织带动产业发展。如由天翼、惠之锦育、三益等7家企业承担了世界草莓大会展示用苗的繁育工作，并定植母苗共计38.8万株，涉及61个品种，繁育生产苗435.6万株，保障了展示用苗和备份用苗需求②。在展会招展方面，采取由组委会授权招展，聘请具有大型农业展会经验的会展公司作为招展代理机构的方式。如该大会的国际招展与北京阳光高创农业会展有限公司合作，借助其曾承担陕西省杨凌农高会（第十六、十七届）国际招展工作及从事农业相关产业活动的展商资源、国际组织关系、招展和展中服务经验，吸引国际企业来华参展；国内招展则与北京万商隆鼎国际展览公司合作，整合原有的北京农资展览会和北京农产品加工设备、技术展览会资源，面向国内展商招展。在大会场馆建设方面，采取BT（Build—Transfer）即“建设、移交”模

① 即综合协调办公室、学术会务部、科技支撑部、产业发展部、旅游促进部、文化拓展部、外事工作部、财务审计部、宣传活动部、招展招商部、安全保卫部、工程建设与城镇开发部、交通环境保障部。

② 第七届世界草莓大会筹委会指挥部办公室.2012年第七届世界草莓大会总体方案。

式，由中铁建设集团北京分公司融资建设，建成后移交政府经营使用，政府则按分期付款的方式收购此项目。

再次，“社会广泛参与”是指草莓大会举全昌平区和北京市之合力，无论从政府、行业协会、企业、学校、科研机构到媒体①等组织，从生产者、销售商、采购商到消费者等群体，都给予高度的关注、参与和支持，促成了本次大会的成功举行。虽然本届大会是世界草莓大会第一次走进中国、走进北京，但参加人数突破了20万人。大会共吸引近200家企业参展，其中国内近150家，涉及19个省市；国际50家，涉及14个国家和地区②。

(3) 社会和经济效应。创新会展农业的发展模式，创造了都市型现代农业的成功样板。此次大会采取“一区、一场、一园、三中心”的办会模式，并首次将学术研讨与博览展示相融合，创新了举办国际性会展农业的成功经验，创造了发展都市型现代农业的成功样板。

① “一区”，即精品草莓产业示范区（图4-1)。该区域以北京昌平国家农业科技园区为载体，以“麦辛路+安四路”沿线为核心，辐射昌平东部适宜发展草莓的兴寿、崔村等6个镇，总体规划面积3万亩，重点发展精品草莓种

图4-1　精品草莓示范区

① 会间，国内外150多家媒体、400多名记者直接参与大会报道，特别是北京电视台创新宣传模式，进行了连续5天、近19个小时的全程直播，全方位展现了大会的精彩和盛况。

② 第七届世界草莓大会总结表彰大会举行．人民网．2012-4-18.

植、加工、配送、观光及设施农业。这是举办第七届世界草莓大会的中心区域，也是北京市发展草莓产业、展示都市型现代农业建设成果的主要区域。会后将打造成科研水平领先全国的草莓产业聚集区示范区。预计到 2012 年京郊设施草莓总规模将达到 3 万栋以上，年产值 7.5 亿元，可为 2 万农民提供就业岗位。

② “一场”，即学术会议主会场九华山庄。大会期间，各项学术研讨、14 场特邀学术报告、116 场口头学术报告、300 篇展示墙报、4 场相关产经论坛及文化交流、开闭幕式、招待宴会和选举下届主办地等活动都在此举办，来自 66 个国家和地区的 1 160 名学术代表齐聚大会[①]，围绕草莓学术科学前沿领域和关键问题展开了深入的交流与探讨，充分展现了大会的学术性、科学性和前沿性（图 4－2、图 4－3）。

图 4－2　九华山庄会场

图 4－3　草莓大会产经论坛现场

③ “一园”，即草莓博览园（图 4－4），作为第七届世界草莓大会产业展示的主会场，园区选址在兴寿镇域范围内安四路与麦辛路（昌金路昌平段）交叉点附近，占地达 600 余亩，建有连栋温室 4.4 万米^2、7.1 万米^2 日光温室。大会期间，组委会与中国农科院、中国农业大学等 30 多家高校、科研机构合作，高标准策划、布置了国际草莓产业展、国际草莓风情展、中国草莓科技展、草莓科普文化展，以及日光温室草莓产业展五大主题展区，综合展示面积超过 10 万米^2，吸引了国内外 200 家企业展示农业新技术、新装备、新产品，囊括了当今世界几乎所有的草莓新品种和栽培新模式，汇集了全球五大洲的草莓文化和草莓风情。会后，博览园将建成草莓科技示范展示中心、农业休闲体验中心、科普教育活动中心，成为北京市民及周边百姓休闲、娱乐、消费及体

① 本次大会参会学术代表人数为历届最多，并邀请了国际园艺学会副主席金姆·汉莫等 25 位当今世界顶级的草莓专家组成学术委员会。

验的新场所。

④“三中心”（图 4－5），即草莓加工中心、草莓产品展示交易中心和农业产业科技促进中心，总建筑面积约 5 万米^2。大会期间用于举办国际草莓产业展，同时也是场馆运行办公的主要场所，会后将建成农业产业科技研发、农产品电子商务和农业产业化国内外交流的重要基地。

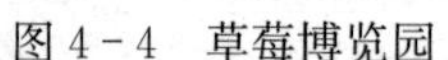

图 4－4　草莓博览园

图 4－5　草莓“三中心”

助推昌平都市型现代农业转型升级，打造首都发展的新名片。四年来，通过筹办世界草莓大会，昌平的草莓会展农业不仅使草莓产业发生了质的飞跃，而且通过“经济辐射、展览示范、产业拉动和科技带动”助推了都市型现代农业的转型升级，打造了一张独具特色的“城市名片”。

①“产业带动”——其一，促进草莓产业上新台阶。目前昌平区已有 5 个镇、46 个村、3 500 多户农民发展草莓种植，建成草莓专业合作社 35 个，已基本形成从种苗筛选、培育、供应，“农户＋基地”生产，到企业收购、加工、销售，经纪人促销等紧密而完整的产业化生产链条。昌平草莓产值从 2008 年的 2 000 多万元迅速增长到 2011 年的 1.8 亿元，预计 2012 年将突破 2.5 亿元，将带动全区 3 500 多户农民增收致富。其中，草莓日光温室由 2 000 栋增加到近 1 万栋，年产量由 200 万千克增加到 1 200 万千克以上，年收入由 4 000 万元增加到 2.4 亿元以上。

其二，拉动观光采摘、旅游业和创意产业等的发展。目前昌平区年接待草莓采摘游客已达 300 万人次左右，草莓观光采摘销售量约占总产量的 6 成，仅 5 天草莓大会期间，昌平的草莓采摘销售量就达到 36 万千克，实现收入 3 600 万元。此外，大会前举办了“草莓情人节”，即草莓博览园试运营，大会期间，还举行了“百万市民游昌平”活动的启动仪式，以及“草莓艺术精品展”、“少年儿童共绘百米草莓长卷”等一系列文化展示活动，促使以“温都水城”为代表的温泉产业、以“上苑画家村”为代表的文化创意产业、以“银山塔林”及众多民俗户为代表的休闲产业有机衔接，与会展农业互促互融，共同带动昌平地区经济发展。

其三，推动基础设施建设。为配合草莓大会“一区、一场、一园、两中心”的建设，昌平区集中实施了昌金路等7条、总长27千米的道路改扩建工程，以及10条道路沿线、29个草莓种植村、总面积约90平方千米的环境建设和整治工程，充分展现会展农业的城乡建设功能。

②“辐射带动”——一方面，昌平区积极发挥北京处于北纬40°线这一世界公认草莓最佳产区的独特气候和地理优势，实施“一个品牌、两个标准、三个基地、三个体系”的“1233”工程[①]，打造经济、社会、生态效益相统一、规模化、集约化的精品草莓产业示范区，引领北京及全国地区的草莓产业发展。另一方面，本次大会有20万人参与，200家企业参展，涉及19个省市，14个国家和地区。大会期间通过设立国际草莓园展区、草莓世界展区、中国草莓科技展区和国际草莓风情展区，从多视角、多区域、多形式展览示范草莓业的现状及发展趋势（图4-6、图4-7）。

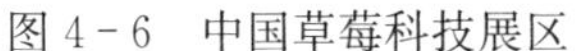
图4-6　中国草莓科技展区

图4-7　国际草莓风情展区

③“科技带动”——通过发展草莓会展农业，促进草莓研发、育种、生产、加工、服务、营销等先进生产力要素向首都和昌平聚集[②]，将昌平区建设成为辐射带动全国乃至全世界草莓产业的科技研发基地、种业基地和中国北方草莓交易中心。草莓大会后，昌平区政府充分利用草莓博览园及周边设施，广

---

① “一个品牌”，即申报“昌平草莓”国家地理标志性产品保护，提升昌平草莓的品牌附加值和影响力；“两个标准”，即建立推广草莓“种苗培育”、“栽培生产”2个技术规范和质量标准，保证草莓的质量安全水平；“三个基地”，即3万亩草莓生产基地、6 000亩草莓种苗繁育基地、年加工能力6万吨草莓加工交易基地；“三个体系”，即科技支撑体系、标准生产体系、市场营销体系。

② 昌平区草莓产业坚持广泛引进并运用科技成果，累计储备国内外草莓优新品种135个、先进栽培模式17种，建立了中国草莓种质资源基因圃和草莓良种繁育基地，目前已成功创建国家级草莓标准化示范区，获得“昌平草莓”国家地理标志性产品认证。

泛汇聚各国各地区的农业高科技、农业新风尚和农产品精品，精心策划和运作“农业嘉年华”项目，打造体现首都特色的高端农业会展品牌。同时，通过高标准推进“北京欧洲草莓研究所”等国际合作项目建设，突出抓好草莓种业发展，继续汇集国内外优新品种，加快自主知识产权品种的研发，努力打造国际一流的种业高地，进一步巩固北京草莓产业的科技领先优势。

2. 通州食用菌会展农业

（1）发展简况。通州区食用菌生产始于20世纪70年代，到目前大致经过了起步（1976—1996年）、发展（1997—2003年）和飞跃（2004年至今）三个阶段。2010年8月8日，通州区政府与中国农业科学院签约，将共同承办2012年第十八届国际食用菌大会[①]。期间，通州作为参展会场，将向世界展示北京食用菌在科学研究、产业技术研发和新技术交流等方面的最新成果。以此为契机，通州区制定了《通州区食用菌产业发展规划（2011—2015年）》，从发展目标、产业布局、重点项目和保障措施等多角度、全方位谋划食用菌产业的发展。目前全区已形成了林下养菌、棚室食用菌和工厂化食用菌三个食用菌生产类型，引进和示范推广了白灵菇、金针菇和双孢菇等十几个品种，全区年产各类食用菌6.8万吨以上，产值达7亿元，全区已有1 500多名农民在食用菌生产企业就业，年均收入2.5万元左右，3 500多户农户从事食用菌生产，每户年均收入达5万元以上[②]。已成为该区农业主导产业之一的食用菌产业，正以会展农业的形式在通州区蓬勃发展。

（2）运行机制。通州食用菌会展农业的运行机制主要体现于“政府与行业协会联动、社会多方参与”。

“政府与行业协会联动”，是指政府与行业协会互相配合，合力主导。从表4－1可以看出，区别于草莓会展农业中第七届草莓大会的主办、承办和协办方均由政府作为主导力量，第十八届食用菌大会的主办单位为科研机构和行业组织，即中国农业科学院、中国食用菌协会和中国食品土畜进出口商会，承办单位为科研机构与政府，即中国农业科学院农业资源与农业区划研究所和北京市通州区政府，协办单位为行业组织即中国科学技术协会下属的中国国际科技会议中心。其中，由中国农业科学院农业资源与农业区划研究所负责大会学

① 国际食用菌大会是国际食用菌科技界和产业界规模最大的盛会。大会致力于促进国际食用菌科技交流和合作，推动全球食用菌科技和产业的发展。本次大会除学术交流外，还同时举办食用菌新品种、新技术、新产品和新书刊展览，并组织参观食用菌生产，以及推出多条会后旅游线路。

② 第十八届世界食用菌大会隆重开幕．北京通州经济开发区网．2012－8－28.

术会议的筹备，由中国食品土畜进出口商会负责大会招展工作的展开，由通州区政府负责专业参观区域的设计和建设[①]。

“社会多方参与”，是指作为国际食用菌科技界和产业界规模最大的盛会，食用菌大会吸引了食用菌产业的众多国内外学者、科研工作者、生产商、销售商和消费者。据统计，本次大会共吸引超过 1 000 人参会，近 69 家企业参展，涉及 60 个国家和地区。此外，为圆满完成大会的观摩展示任务，近两年，通州区从政府到企业到农户都积极投入到专业参观区域的建设之中。2010 年以来，先后引进资金约 4 亿元，新建了各类食用菌公司和基地，不断发展壮大全区食用菌产业。

(3) 社会和经济效应。一是促进国际交流，提升中国食用菌产业的国际知名度。举办国际食用菌大会标志着中国从世界食用菌大国向食用菌强国的转型。在本次大会上，来自全球的 600 多名参会代表从食用菌产业现状与发展展望、生产技术和食用菌营养与健康等方面进行了广泛交流，69 家参展企业从食用菌菌种、食用菌加工产品、栽培设备以及本领域最新出版物等多方面布展和参展（图 4－8、图 4－9），有力地促进了食用菌的科学研究和产业发展的国际交流。这对于我国开拓国际食用菌市场，提高食用菌产业在国际上的知名度将起到极大推动作用。

图 4－8　食用菌大会学术会议召开现场

图 4－9　食用菌大会展览区现场

二是促进食用菌产业升级，提升通州区都市型现代农业的发展。在本次食用菌大会中，通州区作为观摩展示的窗口，其承担的任务主要包括四个方面，

① 通州区委、区政府分别就大会筹备工作进行了专题研究，提出了具体的办会目标和办会措施，区政府成立了由区农委、农业局、林业局、发改委、财政局、旅游局等相关部门参加的组织领导机构，建立了专门的筹办食用菌大会综合协调办公室。

即展示中国特色食用菌产业发展模式，展示中国特色品种及生产模式，展示中国特有品种白灵菇工厂化生产，以及为食用菌烹饪表演提供场地。为此通州区重点建设了“一路一场一园一区”[①] 等多项工程，提升了食用菌产业及都市型现代农业的跨越式发展，具体表现在以下几方面：

①生产结构进一步优化。在全区已形成的林下养菌、棚室食用菌和工厂化食用菌三类结构中，在会展农业的推动下，代表先进生产力和未来发展方向的工厂化食用菌生产更为迅速发展。据统计，目前，工厂化食用菌的生产车间已达5万米^2，日产量80吨，在全区食用菌结构中的所占比重由55%提高到75%，且占到全市总产量的60%，占全市之首。

②生产布局进一步集聚。在会展农业带动下，目前，通州区已形成了食用菌菌种育繁场、永乐店工厂化食用菌聚集区、马驹桥白灵菇工厂化生产聚集区和漷县棚室食用菌生产聚集区（图4-10）。其中，永乐店工厂化食用菌聚集区的3个工厂化基地生产能力分别达到日产金针菇25吨、杏孢菇20吨和茶树菇4吨。此外，以孔兴路为轴线，全长10千米的食用菌产业景观大道在会后将作为通州区食用菌产业的核心区域，辐射和带动周边的宋庄、潞城、马驹桥、张家湾及漷县等专业化生产区发展（图4-11）。

图4-10　通州区食用菌产业发展布局图

图4-11　通州区食用菌产业景观大道实景

③生产水平进一步提升。通过投资和建设，目前在孔庄、小杜社、杨秀

① “一路”，即以孔兴路为轴线，建设全长10公里的食用菌产业景观大道；“一场”，即位于永乐店镇孔庄的食用菌菌种育繁场；“一园”，即与食用菌菌种育繁场毗邻的食用菌科技文化园；“一区”，即位于马驹桥镇大松垡、大杜社、小杜社等地的白灵菇工厂化生产集聚区。

店、老槐庄等地已建成拥有高标准现代化生产设备的食用菌冷房生产基地（图 4－12），建设总面积超过 12 000 米^2。在马驹桥镇的白灵菇工厂化生产集聚区，建成了涵盖白灵菇工厂化生产企业和生产基地 4 处，年产优质白灵菇 6 000吨，成为中国特色品种白灵菇的专业化生产示范区。在老槐庄村建成食用菌科技文化园（图 4－13），为通州区食用菌产业的发展提供强大的技术支撑，进而实现食用菌生产技术的革新。

图 4－12　通州区食用菌冷房生产基地

图 4－13　通州区食用菌科技文化园

三是促进农民增收和城乡地区和谐发展。第十八届国际食用菌大会是通州区启动现代化国际新城建设以来承接的首场大型国际性盛会。经过食用菌会展农业的长足发展，“公司＋基地＋农户”的发展模式已日渐成效。2010 年，通州全区食用菌产量 6 万吨，产值 5.5 亿元，带动农户 3 600 户，农民就业 150 人。预计至 2013 年，通州全区食用菌年产量将达到 10 万吨，产值突破 8 亿元①。同时，通过食用菌大会观摩路线沿线环境美化工程重点实施的建造沿线景观、治理排灌沟、拆迁老旧损坏房屋、栽植林木和绿地等具体措施，提升了通州区的基础设施建设，有效地促进了城乡地区和谐发展②。

3. 延庆葡萄会展农业

（1）发展简况。葡萄作为世界第二大果树作物，在中国具有上千年种植历史。地处“延怀盆地”的北京延庆县，以其得天独厚的区位优势，优质品种多、种植面积大的产业优势，以及依托中国科学院植物研究所葡萄科学与酿酒工程重点实验室所拥有的技术优势，成为中国四大葡萄主产区之一。目前，延

① 通州区农委.《第 18 届国际食用菌大会筹办工作进展情况汇报报告》.2012.

② 如新建核心区 10 米主路 1.6 万米^2，核心区 4 米宽田间路 3 万米^2，同时新建管涵 130 米，新修连通平桥 2 座等。

庆县葡萄种植面积1.7万亩，位居京郊之首，年产量680万千克，主要分布在张山营镇、永宁镇、香营乡、八达岭镇、康庄镇、旧县镇6个乡镇[①]。多年来，延庆利用葡萄产业资源，不断发展葡萄会展农业，并形成了“葡萄文化节”等品牌节庆。而伴随2010年8月在美国纽约州举办的第十届世界葡萄大会上，北京以绝对优势成功获得下一届大会的举办权，以及2010年10月经过中科院植物研究所与北京市园林绿化局综合考察评估，延庆县被定为大会的承办地，一场全球葡萄界级别最高、参会国家最广泛的盛会——第十一届世界葡萄大会[②]将于2014年在北京延庆举行。这为延庆及北京会展农业的发展又增添了一大手笔。

(2) 运行机制。与昌平草莓会展农业类似，延庆葡萄会展农业的运行机制也表现为“政府主导、企业带动、社会广泛参与”。

首先，“政府主导”即指政府在葡萄大会的申办到筹办过程中，均发挥主导性作用。在2011年9月19日北京（延庆）第七届国际葡萄文化节开幕式的当日，北京市委、市政府即在延庆召开了第十一届世界葡萄大会筹委会指挥部第一次会议，成立了“决策层、指挥层、执行层”三级组织体系，由多名市、县领导及40多个市、县级相关职能部门组成，为世界葡萄大会提供强有力的组织保障。此外，政府部门在规划审批、资金投入、人员配备、建设推进和产业促进等诸多方面开展多项调研、逐步出台各项措施和政策[③]，有力地发挥着其在延庆葡萄会展农业中的主导作用。

其次，“企业带动”是指在展会运作和产业发展等方面，实行企业化的运行方式。在规划方案上，延庆县政府委托北京国际招标有限公司进行国际招标，最终意大利阿克雅建筑师事务所的设计方案从国内外28家规划设计单位中脱颖而出（图4-14）。在葡萄酒庄产业带项目建设上，由葡萄大会执行委员会办公室公开招标，招商引资，通过参加大型展会、开展点对点招商、媒体发布信息等多种渠道积极开展葡萄酒庄企业引进工作（图4-15），以及其他场馆、项目的引资建设工作。预计到2014年，通过招商引资建设特色酒庄共30～50家，并建成“一带、一园、一场、四中心”的规模产业带。

---

① 北京市延庆县．关于延庆县承办2014年第十一届世界葡萄大会筹备工作情况的汇报．2011.

② 世界葡萄大会由国际园艺学会（ISHS）主办，每4年举办一次，迄今已举办10届，被称为“葡萄界的奥运会”，是加强交流合作最具影响力的一个国际平台。历届世界葡萄大会都为举办城市带来了巨大的经济效益和社会效益。

③ 如2011年6月，延庆县为了推动葡萄会展农业中葡萄酒庄产业的规范、健康和持续发展出台了《延庆县葡萄酒庄产业准入扶持和退出管理办法》。

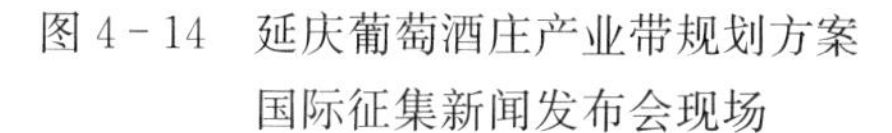
图 4－14　延庆葡萄酒庄产业带规划方案国际征集新闻发布会现场

图 4－15　外资企业代表在体验葡萄采摘的乐趣

再次，“社会广泛参与”是指葡萄大会受到全社会各界的高度关注与广泛参与。如为支持延庆办好世界葡萄大会，北京市已将“推动延庆北部山区重点发展葡萄产业”列入“十二五”规划建设的重点内容；众多企业纷纷将目光投向葡萄酒庄产业带项目；中科院植物研究所积极筹备学术会议的报批和相关组织工作；延庆葡萄园区和种植农户积极配合品种多、规模大的葡萄基地建设；宣传部门和策划公司通过电视、网络等媒体推出了葡萄大会的宣传品以及征集大会主题歌曲、徽标和吉祥物活动等。延庆县及北京市正以饱满的热情和最佳的状态迎接这场“葡萄界的奥运会”的召开。

（3）社会和经济效应。2011 年 9 月 19 日，在第十一届世界葡萄大会筹委会指挥部第一次会议上，北京市委常委牛有成说，举办世界葡萄大会，发展会展农业，是发展方式的转变、发展模式的创新，是北京发展都市型现代农业的一种新形式。本书将这种创新和转变概述为以下几个方面：

一是促进延庆葡萄产业升级，带动多产业融合发展。世界葡萄大会给延庆的产业结构调整带来了极好机遇，有利于延庆提升葡萄的产业发展，并在全世界树立起延庆葡萄这一品牌。到 2014 年，延庆将至少增加 1.6 万亩的鲜食葡萄和近万亩酿酒葡萄的种植面积，并形成葡萄产业的“一带、一园、一场、四中心”的崭新格局（图 4－16）。

①“一带”，即一条葡萄酒庄产业带。该产业带位于延庆县北山旅游观光带内，沿途旅游景区自西向东依次为古崖居、松山、玉渡山、龙庆峡等，全长 50 千米。产业带借鉴世界著名酒庄聚集区的产业发展模式，吸引 48 家世界著名精品酒庄企业以及国内大型知名企业进驻，构造休闲度假、精品鉴赏、山水养生和农庄生活体验 4 种酒庄类型，并预计发展成葡萄种植规模 6 万亩（其中

图 4-16 延庆县葡萄产业的“一带、一园、一场、四中心”鸟瞰图

鲜食葡萄 3 万亩，酿酒葡萄 3 万亩）。届时，产业带将形成完善的高端葡萄酒销售网络，发展成为国际、国内大城市和高端葡萄酒消费地区主要葡萄酒知名产地。

②“一园”，即一个鲜食葡萄产业园。该产业园是以万亩鲜食葡萄为依托，采用现代农业设施栽培技术和有机种植，集休闲采摘、科普教育、文化体验、餐饮娱乐于等多种功能于一体的葡萄主题文化园。将在现有 6 800 亩采摘园的基础上，扩建到 1 万亩，并计划再引进上千个品种进行集中展示，以满足市民休闲、宣传葡萄文化，展示最新技术。

③“一场”，即葡萄大会主会场。将以民营企业投资建设，位于延庆葡萄种植第一大镇——张山营镇的辉煌国际会议度假区为依托，建设规模近 9 万米^2，总投资预计达到 20 亿元，设计规格为五星级标准，可供数千人同时与会并开展商务活动等。

④“四中心”，即国家级葡萄科研与产业服务中心、国家级葡萄酒质量鉴定评级中心、葡萄及葡萄酒交易中心、葡萄酒工程培训中心。“四中心”的建立将有助于整合葡萄酒产业的政府、协会、科研、市场、资金等发展要素，改变国内葡萄酒市场鱼龙混杂的市场格局，建立起规范国内外高端葡萄酒公平竞争与交易的平台，使延庆能承担起中国葡萄酒产业科研推广、标准评定、市场规范和行业培训的重要职能。

另外，从以上的延庆葡萄产业的崭新格局可以看到，葡萄会展农业不仅有助于葡萄产业的升级，而且将种植葡萄、葡萄酿酒和销售、观光、旅游、休闲等一、二、三产业高度融合，这既符合了延庆生态涵养发展区的功能定位，更有力地发挥了会展农业的乘数效应，带动了延庆经济的发展。

二是加速葡萄技术推广，提升中国葡萄产业的国际竞争力。发展会展农业以来，延庆县注重利用现有区域优势和科研优势，辐射和带动北京乃至全国葡萄产业发展。延庆是中国葡萄科技创新示范县，在全国率先探索出了大大降低葡萄温室栽培成本的技术——鲜食葡萄利用大棚温室周年生产二次结果。目前，这一先进技术已在延庆县推广300栋，面积达到600亩，并得以逐步向全市和全国推广[①]。同时，延庆县与国际园艺学会、国际葡萄与葡萄酒协会等权威机构合作，搭建科技支撑的国际合作平台。此外，县科委于2012年3月初步确立了“世界葡萄大会延庆葡萄与葡萄酒产业化开发”科技支撑项目。这其中包括葡萄新品种引进与苗木繁育，建立葡萄品种种质资源库，对影响葡萄和葡萄酒质量的关键技术进行集中研究和开发，根据产品类型多样化的特点和葡萄品种的差异化特征进行研究，以及强化人才培训和科技服务体系的建设等。通过葡萄大会，不仅将全面展示中国葡萄育种及栽培现状和科技水平，而且将有利于提升中国葡萄产业的国际影响力和国际竞争力。

三是丰富和富裕城乡人民生活，助推延庆建设“绿色北京示范区”。2010年，延庆县在“十二五”规划中，提出要建设“绿色北京示范区”；2011年12月，延庆县在第十三次党代会上，进一步提出要打造“县景合一”的国际旅游休闲名区的发展目标。在发展葡萄会展农业的进程中，该县结合实施道路、供电、用水等基础设施项目，环境整治、景观打造、绿化美化等市政环境项目[②]，带动区域基础设施建设，发展城乡统筹；结合葡萄酒庄的产业带规划，

图4－17　山环水绕的北京延庆县

① 延庆县农委．延庆县葡萄产业“十二五”发展规划。

② 目前已在葡萄酒庄产业带周边7个乡镇50余个村庄186千米范围内开展清脏治乱工作，已完成工程总量的40％。

产业带特色景观节点的打造，将产业发展与景观环境完美结合[①]，真正实现“县景合一”的发展目标；结合葡萄的有序种植酒庄的精心设计、山区水系的生态维护及新城乡镇的合理建设，为市民提供休闲空间，为农民提供就业机会，打造环境景观品质优越的“绿色北京示范区”（图 4-17）。

二、展会主导型发展模式与典型案例

（一）展会主导型发展模式内涵

展会主导型发展模式主要指通过农业展览会、农业博览会、农业展销会、农业交易会或农业洽谈会等多种展会形式，促进商务洽谈，带动商品交易，树立农业形象，示范最新技术，优化产业布局，进而促进都市型现代农业和地区发展。此类模式的展会，每年数量比较多，展会类别覆盖面比较广，举办时间和地点相对比较固定，其中尤以在丰台举办的北京种子大会、在顺义举办的中国花卉博览会和在全国农业展览馆举办的中国国际农产品交易会为典型代表。

该类发展模式主要适用于具有一定规模的场馆基础设施，且区位优势明显、交通较便利的区域。

（二）典型案例分析

1. 丰台籽种会展农业

（1）发展简况。“国以农为本，农以种为先”。丰台籽种会展农业缘起于丰台种子交易会（以下简称“种交会”）。种交会自 1992 年创办至今，已经成功举办了 20 届，其间经历了探索（1992—1999 年）、起步（2000—2005 年）和提升（2005 年至今）三个阶段，并随着其内容的不断丰富、规模的不断扩大和参会企业数量的不断剧增，壮大成为华北地区仅存的也是全国最具影响力、规模最大的种子交易会。据初步统计，从 1992 年第一届种交会到 2012 年的第二十届，参展企业数由 48 家增加到 4 000 余家，增加了约 83 倍；参展企业代表数由 107 人增加到 845 人，增加了 7.89 倍；会议成交额由 800 万元增长到 5.5 亿元，增长了 68.75 倍[②]。2009 年，北京市农村工作会议提出要“办好北京（丰台）种子交易会”，并将其列为全市的农村重点工作，为贯彻会议精神，

① 如沿环线将布局妫河之源、多彩田野等八处主题景观园。

② 第二十届北京种子大会总交易额达到 5.5 亿元．千龙网．2012-9-14.

从2009年起，种交会开始由北京市农委、北京市农业局、丰台区政府共同主办，并更名为北京种子大会。同年5月，中国种子贸易协会代表我国出席土耳其年会，在众多申办国中以明显优势胜出，成功获得2014年第七十五届世界种子大会的举办权①。随后，丰台区经过精心准备和努力，最终获得大会的承办权，由此将丰台籽种会展农业的发展推向了又一个高潮。

（2）运行机制。目前，丰台籽种会展农业主要采取“政府引导、行业协会联动、企业主体、社会参与”的运行机制。

首先，“政府引导”是指在种交会的多年举办过程中，政府始终坚持引导和服务，保证种交会的健康成长。最初，丰台区农林局抓住种子成熟时节全国缺乏种交会的机遇，果断提出举办种交会，并委托丰台种子公司承办。到2009年开始由政府部门主办，政府、行业协会和企业承办，种交会发展过程中，有关部门支持和引导种交会不断丰富办会形式和内容，满足专业企业需要，并为大会做好各方面的保障。同时，为筹办2014年的世界种子大会，北京市农村工作委员会正会同其他有关政府部门和组织机构认真调研、筹划，以推进大会筹办工作的有序展开。如2012年上半年，出台了《2014年世界种子大会场馆区用地控制性详细规划》，确定了世界种子大会场馆区的用地布局和各类建设用地的规划控制指标。

其次，“行业协会联动、企业主体”是指种交会实行市场化运作方式，在政府引导下，通过北京种子协会和丰台种子协会等行业组织的联动，突出参展企业的主体地位。作为展会主导型的发展模式，丰台会展农业所形成的“企业有所需，展会有所供”的服务意识成为其鲜明的特色之一。常年以来，种交会始终坚持以企业为主体，让市场决定办会的方向，在展会策划、展会营销和展会服务等方面不断推陈出新，深受企业的欢迎。如展会交易形式由最开始的单一现货交易发展为现在的现货交易、期货交易、田间展示等相结合；交易内容从纯粹的蔬菜种子发展为以籽种为主，农药、农机等农资为辅；展会主题活动由原有的展览和洽谈丰富为种业发展论坛、鲜食果蔬品尝会、新优品种实物展、贸易洽谈、品种权转让拍卖会等多种形式；参展企业的性质由最初的全部国有转变为国有、民营、外企兼有，并呈现民营、外企逐年增多的态势。同时

① 世界种子大会是国际种子联合会（ISF）主办的国际种业界规模最大、水平最高的集会议、论坛、会展、贸易洽谈、旅游考察、高层决策等于一体的大型综合性种业年度会议，是各国展示本国种业发展成果、开展交流与合作的窗口和平台，在诸多国际性组织中具有较强影响。2014年世界种子大会是第七十五届国际种子联合会年会，恰逢国际种子联合会成立90周年，并是中国首次承办。

在展会资金上主要采取以会养会的方式，即展会向有关籽种企业发出邀请，依据市场行情向参会企业代表收取参会费，并按照有关协议集中为参会代表预订展位、车位、食宿等相关事宜，从而形成规模效应，有利于谋求展会本身和参会企业利益最大化。在具体展会运作上，聘请专业公司负责大会招展、布展和宣传等，实行市场化运作，提升设计水平，提高办展效率。

再次，“社会参与”是指丰台籽种会展农业随着其知名度和影响力的扩展，越来越受到全社会的广泛关注和多方支持。从参与群体来看，2000 年国家颁布《中华人民共和国种子法》后，民间资本开始进入籽种产业领域，部分民营种子公司和国际种子公司开始以积极的热情投入到种交会中。从协办群体来看，从 2005 年第 13 届种交会开始，展会增设了田间展示，即展会在王佐镇庄户村设立展示基地，基地占地约 20 公顷，由庄户村集体经营。庄户村为展示品种的种植免费提供土地和劳动力，对展示品种的果实拥有所有权，展示期结束后，庄户村可以利用基地经营观光采摘、农事体验、教育旅游等，带动当地经济发展；种交会主办方则负责为庄户村免费提供展示所需的名、特、新、优种子和技术支持（图 4－18）。从宣传群体来看，以第 2012 年第二十届北京种子大会为例，本次大会得到包括中央电视台、中央人民广播电台、新华社和国际商报等 40 多家媒体的倾力支持（图 4－19）。

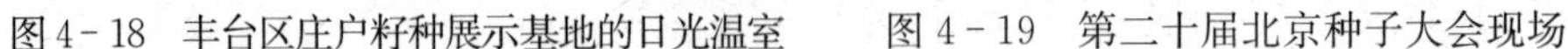

图 4－18　丰台区庄户籽种展示基地的日光温室　　图 4－19　第二十届北京种子大会现场

在多年种交会的基础上，展望 2014 年的第七十五届世界种子大会，高层关注、国际征集、专业运作的筹办方式让我们对大会更加充满期待。

（3）社会和经济效应。一是提供国内外种业合作与交流平台，推进我国种业的创新与发展。发展至今，北京种子大会的影响力已位于全国四大种交会之首，它是全国种业交流合作的国家级盛会，为全国种业信息、科技、人才和成果的交流提供了平台，也为国内外农产品研究机构、生产商、采购商及消费团体搭建了种业成果展销、经贸洽谈与合作的平台，成为反映我国新品种育种目标和市场供求关系的“晴雨表”，有利于我国种业的创新与发展。如据 2012 年第二十届北京种子大会的数据显示，本届大会有来自国内外的 4 000 余家单位参会，注册企业 845 家，交易品种 5 000 余个，展示品种 800 个。其中涉及新品种 110 个，完成了近 5.5 亿元的交易金额（图 4－20、图 4－21）。

图 4－20　第二十届北京种子大会贸易洽谈现场

图 4－21　第二十届北京种子大会企业形象特装展示

另一方面，从 2014 年的世界种子大会来看，该大会为目前规模最大、影响最深的国际种业盛会，参会人员主要来自各国各地区种子贸易协会负责人、世界知名的育种专家、种业相关组织和骨干企业，其中将包括国际种业前 20 强。同时，展会的展示内容将包括种业及其育种、加工、品种保护、质量控制等相关行业和包含转基因技术在内的先进技术等。这将极大地推进我国种业与国际种业的交流和合作，全方位提升我国种业水平，提高创新能力，提升国际地位。

二是发展北京籽种产业，打造我国“种业之都”。《北京种业发展规划（2010—2015 年）》提出了将北京打造成“种业之都”的核心目标，确定了要形成中国种业科技创新中心和全球种业交易交流服务中心两大中心，搭建“一个核心、两大区域、三类基地、四级网络”的空间布局。多年来，通过籽种会展农业的发展和带动，示范了种业发展最新成果，吸引了大批国内外知名种业单位落户北京，提升了北京种业的竞争力和影响力，引领了全国种业的跨越式发展，从而促进“种业之都”的形成。目前，种交会引导了累计 210 个国外和南方地区名、特、新、优品种进入首都籽种产业市场。在京郊地区，种交会贡献的设施栽培蔬菜品种达到150多种，优质蔬菜面积达到1万公顷，特菜栽培面积达到0.4万公顷[①]。北京市已拥有籽种经营企业1 361家，全国种业前10强中北京市的企业有4家，全球10强种业巨头有8家在首都建立研发或分支机构。此外，北京每年引育良种奶牛冻精全国市场占有率40%、祖代肉种鸡50%、虹鳟鱼苗种40%，林果花卉育种研发科研网络也初步建成[②]。

三是拉动多产业发展，推动北京都市型农业和南城经济建设。以2014年第七十五届世界种子大会为例，大会场馆已初步确定为青龙湖国际文化会都核心区[③]，将重点规划建设“三个中心、一个基地”，总投资约36.5亿元。这不仅将有力地拉动建筑业、餐饮服务业和市政基础设施等的发展，而且有利于以种子大会场馆建设为契机，通过建设农民回迁安置用房、提供充足的就业岗位，妥善处理好农民的生产、生活问题，并辐射带动永定河绿色生态发展带的加快形成，推进都市型农业和西南地区新一轮的转型升级，助推首都向世界城市目标的靠拢（图4-22、图4-23）。

图4-22　国际文化会都有限公司与美国洛克菲勒家族成员企业罗斯洛克有限公司签署合作协议

① 吴春晖．丰台会展农业模式．北京农业，2010（1）．

② 北京市农村工作委员会等．北京种业发展规划（2010—2015年）．2010（10）．

③ 青龙湖国际文化会都规划用地25.3平方千米，建设用地345.6公顷，总建筑面积253.4万米^2，总投资约488亿元。主要分为五大功能区，即：会都核心区、国际组织机构办公区、国家元首及国际组织服务区、文化产品研发与贸易区和国际公寓区。建成后将成为国际品牌会议的重要承载地，带动国际组织总部和办公机构在落户北京。2014年世界种子大会选址于会都核心区。

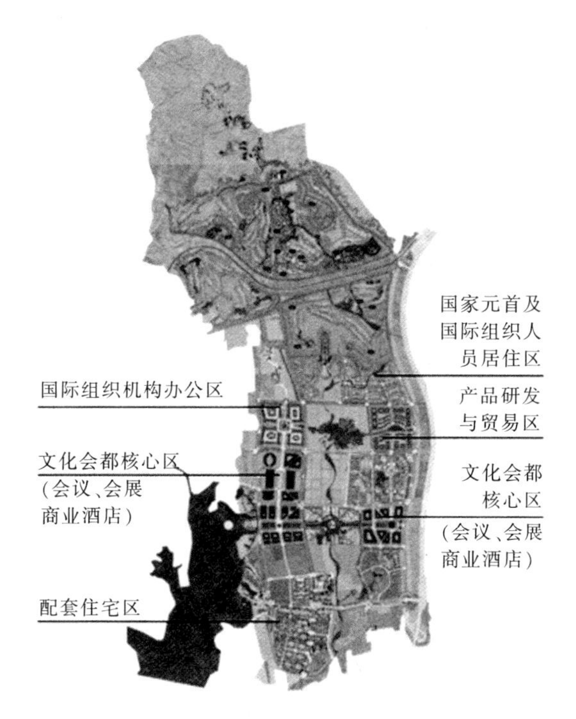

图 4-23　青龙湖国际文化会
都项目规划图

2. 顺义花卉会展农业

（1）发展简况。目前，我国已成为世界最大的花卉生产基地、重要的花卉消费国和花卉进出口贸易国。北京作为首善之区，不仅花卉生产历史悠久，而且近年来花卉市场发展空间广阔，花卉需求潜力巨大，消费增长速度迅猛。2009 年，被誉为中国花卉界的“奥林匹克”——第七届中国花卉博览会（以下简称“花博会”）[①] 在北京顺义盛大举行，这一我国规模最大、档次最高、影响最广的国家级花事盛会，为北京花卉产业发展提供了更为广阔的平台。同时，承办地顺义区更是以此为契机，调整农业产业结构，集聚花卉核心生产力，拓展花卉产业链条，引领和带动全区花卉产业的蓬勃发

① 花博会始办于 1987 年，是我国规模最大、档次最高、影响最广的国家级花事盛会，被誉为中国花卉界的“奥林匹克”。它旨在集中展示中国花卉产业的丰硕成果，促进中外花卉产业交流与合作，对促进交流、扩大合作、引导生产、普及消费等方面起着巨大的推动作用，对我国花卉业的发展有着深远的影响。至今，已成功举办了七届，从规模、影响上都已大大加深，正在向着国际化的方向发展。

展。据统计，截至2010年年底，顺义区花卉种植面积达1.7万亩，花卉产值3.9亿元，花卉企业74家，其中大中型企业36家，花卉种植农户80户，从业人员5 000人，花卉面积和产值均居北京市首位[①]。顺义花卉会展农业正以“以花兴业、以花富民”的理念展现着都市型现代农业的高端性、引领性、多功能性等特点。

（2）运行机制。顺义花卉会展农业的运行机制表体现为“政府主导、企业参与、市场运作、社会支持”。

首先，“政府主导”是指从主办、承办到支持单位中，政府部门均作为主导力量，为展会“搭台”，提供正确的引导和良好的服务。第七届花博会由国家林业局、中国花协、北京市人民政府和山东省人民政府联合主办，是献礼国庆60周年的重要活动之一。在北京展区的具体筹备过程中，北京市园林绿化局、北京市顺义区人民政府会同北京花卉协会作为承办单位联合组建了综合办公室以统筹协调筹备工作，顺义区委、区政府领导成员则融入花博会运行体系，组建完成了主场馆运行团队、室外展区运行团队、鲜花港运行团队和外围保障团队，构建了高效的组织运行体系，确保了场馆建设、展会运行和外围保障的无缝隙对接，保障了整体筹备工作的顺利推进。在花博会之后，北京市政府和顺义区政府围绕“以花兴业、以花富民”分别出台了《北京市花卉产业“十二五”发展规划》和《顺义区关于加快现代花卉产业发展的意见（2010—2012年）》等政策，为花卉产业的进一步发展提供政策支持和引导。

其次，“企业参与、市场运作”是指在花博会招商招展和场馆建设等环节，引入企业参与的市场运作模式，提高运行效益，并实现展会场馆的可持续发展。在展会招商招展方面，花博会建立了合作伙伴、赞助商、供应商三个层次的赞助体系，积极吸引包括中国国际航空公司、中国人民财产保险公司和中国移动等大型企业共同参与展会市场开发，赞助合作伙伴企业共达31家，合作领域覆盖航空、金融、保险、通信、地产等，为展会提供有力资金和物资保障，并与企业实现互惠双赢。在场馆建设方面，采取政府与企业合作的模式，有效地破解了历届花博会场馆展后利用的难题。主场馆通过公开招标确定由顺鑫农业自主投资、自主建设，确立“展时无偿使用，展后归还业主”的合作模式（图4－24）；北京国际鲜花港以产业园区模式投资建设，集花卉生产、研发和展示于一体，展后独立运营；室外展区汇集全国园艺精品，展后转为城市公园继续

① 副市长夏占义调研顺义区花卉产业发展情况．顺义网城．2011－4－24．

运行[①]（图 4－25）。

图 4－24　北京第七届中国花卉博览会主场馆

图 4－25　北京国际鲜花港

再次，“社会支持”是指作为国家级的花事盛会，花博会得到了全社会的高度关注和积极参与。无论是开幕式上的宏伟场面，还是各展区的强大展示阵容；无论是来自全国 31 个省、自治区、直辖市和全球其他 27 个国家和地区的参展企业，还是展会期间 180 万人次的游客；无论是众多的服务支持团体还是各类宣传媒体，从花博会的启动、筹展到运行，整个社会包括国际社会都给予了极大支持，使这一花卉界的“奥林匹克”之花在后奥运时代精彩绽放（图 4－26、图 4－27）。

图 4－26　北京第七届中国花卉博览会开幕式

图 4－27　第七届中国花卉博览会北京展区实景

① 第七届中国花卉博览会（北京展区）的场馆采取“一馆、一展、一场、一港、一中心”的模式。其中，“一馆”即花博会主场馆，“一展”即花博会室外展示区，“一场”即占地 80 公顷的和谐广场，“一港”即北京国际鲜花港，“一中心”即 6.3 万米^2 的国际花卉物流中心。

（3）社会和经济效应。从展会性质而言，花博会作为四年一届的以阶段性展示我国花卉业发展水平和成果为目的的大型综合展会，其性质和主要功能定位于“成就展”，因此重在社会效应。然而，顺义花卉会展农业以花博会为核心，带动顺义农业产业结构调整，助推北京都市型农业升级，以一场“永不落幕的盛宴”惠泽顺义及首都人民生活。其社会和经济效应体现在以下几方面：

一是促进顺义区产业升级，推动经济发展。在承办花博会的几年前，花卉产业在顺义地区还只占很小的比重，而这几年在花卉会展农业的带动下，花卉产业在该地区得到了长足发展。顺义区先后出台了《顺义区花卉产业 2008—2012 年发展规划》、《关于加快现代花卉产业发展的实施意见（2010—2012 年）》和《关于加快花卉产业发展的扶持办法》等多项政策，目前已初步形成了“两港、三带、五园、多点”的花卉产业格局①，带动全区花卉产业健康发展。同时，除本地发展起来的 70 多家花卉企业外，还吸引了 20 余家国内外知名花卉企业入驻顺义，总投资超过 15 亿元。此外，作为第七届花博会功能组团之一的国际鲜花港，已经被纳入“国家现代科技城”建设先行试点范畴，不仅成为以花卉生产、研发、展示、交易为主，兼具花卉文化交流、旅游休闲功能的综合性产业园，而且成为中外花卉企业投资发展的平台②（图 4－28）。2011 年顺义区花卉总面积达到 1.9 万亩。其中，新增花卉及彩色苗木生产面积 2 000 亩，全区实现花卉产值 5.46 亿元③，比花博会召开前的 2008 年的 1.46 亿元增长 273.97%。花卉会展农业提升了产业结构，带动了农民致富，推动了经济发展。

二是促进北京都市型现代农业提速，助推首都的辐射和引领效用。举办花博会，是调整优化农业产业结构，发展都市型现代农业的重要契机。花卉产业作为农业支柱产业，既能满足农民生产增收的需要，又能满足市民生活消费的需要，是北京都市型现代农业重要的组成部分。北京发展花卉产业，消费市场广阔，科研力量雄厚，物流高效便捷，可持续发展空间较大。因此，北京市政

---

① “两港”，即北京国际鲜花港、国际花卉物流港；“三带”，即以京承高速都市型现代农业走廊为主线的西部发展带、京平高速路为主线的南部发展带和以木林、杨镇和张镇为主线的东部发展带；“五园”，即杨镇万亩产业园、北郎中千亩产业园、“三高”，花卉科技示范园和板桥西侧千亩科技成果转化园、北务千亩花卉产业园；“多点”，即发展多个花卉生产专业村。

② 2011 年 4 月，在北京国际鲜花港举行的中外花卉企业战略合作签约仪式上，北京国际鲜花港投资发展中心、西诺（北京）花卉种业有限公司分别与荷兰安宁思花卉有限公司、荷兰皇家范赞藤花卉有限公司、荷兰简德怀特种球公司签订战略合作协议，就打造国际一流球根花卉展示推广园区等领域进行战略合作。

③ 2011 年顺义区花卉产业发展迅速．顺义区农村委网．2012－2－10.

图 4-28　北京国际鲜花港举行中外花卉企业战略合作签约仪式

府在《花卉产业“十二五”发展规划》中鲜明地提出要把“北京打造成为全国花卉产业自主创新、高端生产、交易消费中心，构建融生产、生活、生态、科研、示范等多种功能于一体的‘都市型现代花卉产业’”。近年来花卉会展农业带给顺义区在花卉产业上的资源优势（如“两港、三带、五园、多点”的产业布局）和科技优势（如是北京花卉科技成果研发中心之一[①]），以及作为临空经济区具备的区位优势和枢纽优势（如是我国最大的国际、国内航空枢纽），无疑让顺义在推进北京花卉产业发展，促进北京都市型农业提速，助推首都的辐射和引领效用发挥等方面发挥着举足轻重的作用。

三是带动旅游等多产业发展，惠泽人民生活。花卉兼具物质和精神双重属性，承载着文化和服务双重功能。顺义区在发展花卉会展农业的进程中，不仅较好地带动了旅游、餐饮等多产业发展，而且产生了“三金效应”，惠泽人民生活。所谓“三金效应”，即“薪金效应”——通过花卉会展农业的带动，增加了就业机会；“租金效应”——通过花卉会展农业吸引企业入驻，提高了土地收益；“股金效应”——在市级扶持的基础上，区政府出台了针对设施补贴的措施，其中有一部分补贴作为农民入股的股金，便于农民从中获得分红。此外，

① 目前在顺义区，“国家现代农业科技城”、“国家级农业科技园区”、“花卉服务产业科技促进工程”建设已全面启动，该区与荷兰等多个国家开展广泛交流合作，并已有北郎中、顺科、森禾、福劳尔、胖龙、北京园林科研所北郎中花卉苗木基地等 6 家企业被认定为市级花卉育种研发创新示范基地，参与菊花、百合、月季等的育种研发。

这几年在北京国际鲜花港纷纷推出的“郁金香节”、“月季节”和“菊花节”等活动，不断地以花卉会展农业之美让首善之区释放着“幸福就像花一样”的光彩。

3. 农交会会展农业

（1）发展简况。中国国际农产品交易会[①]（简称“农交会”），是农业部主办的国际性和国家级农产品贸易盛会。始于2003年，每年一届，十年来共吸引了约12万家企业参展，11万多家采购商到会，350万观众参观，累计贸易成交额近4 000亿元。农交会在宣传我国农业农村经济政策与成就、展示新产品与高新技术、树立农业企业形象、促进农产品国内外贸易，以及推动农业对外合作与交流、增强国际竞争力等方面发挥着越来越重要的作用，目前已成为国内规模最大、企业最集中、产品最丰富、信息最权威的国际性大型综合交易平台，并发展为国内外具有重要影响的品牌农业展会，在此基础上形成的农交会会展农业成为展会主导型会展农业模式中的又一典型（表4-2）。

（2）运行机制。农交会不同于一般的商业展会和贸易展会，它肩负有宣传党的农业政策、展示成就、引领市场的功能。因此，从组织形式到展示内容，很大程度上需要政府推动和引导，但具体的运作和实施，则需要引进市场化机制。目前，农交会会展农业的运行机制体现于“政府主导、市场主调、企业主体、群众主流”[②]。

其一，“政府主导”就是强调政府“搭台”，为企业“唱戏”服务，让企业充分理解政府的办展目的，为展会的培育和发展提供一个良好的环境，从而起到引领市场的作用。从农交会的组织情况来看，作为国际性的、国家级的大型综合性展会，历届农交会一直由农业部主办，由全国农业展览馆、中国农业展览协会、中国贸促会农业行业分会承办，并由国家发改委、财政部、商务部、海关总署、质检总局等各部委，以及北京市政府和贸促会协办[③]。同时，从第六届即2008年开始，协办方新增了中华全国供销合作总社，从2012年开始，协办方新增了中国证监会，从而引领农业产业链的拓展、农业公司上市等中国农业发展新趋向（表4-3）。

---

① 为展示改革开放后中国农业的巨大成果，经国务院批准，从1992年开始，每年举行一次中国农业博览会；伴随着中国对外开放形势的不断发展，1999年中国农业博览会改成中国国际农业博览会。我国“入世”后，2003年将其正式改成中国国际农产品交易会，并成功举办了首届大会，从而实现了从成果展到商业展的重大历史性转变。

② 农业部副部长陈晓华在第七届中国国际农产品交易会筹备工作会议上的讲话．人民网．2009-8-29.

③ 在京外举办的农交会的主办、承办或协办方相应增加当地地方政府和相关部门。

表 4-2　历届中国国际农产品交易会概况一览表（2003—2012 年）

届数	时间	地点	主题	参展企业		采购商		展团数	贸易成交额（亿元）	参展企业条件	新增展区	备注
				来自国家数	总数	来自国家数	总数					
第一届	2003 年 11 月 11～16 日	北京	展示成果、推动交流、促进贸易	9	400	14	6 000	31	150	农业产业化国家重点龙头企业或产品获得“三品”认证的企业；大中型农产品出口企业；优秀农机、农资、水产生产企业及外资、合资企业	—	中国“入世”两周年之际
第二届	2004 年 10 月 11～15 日	北京	展示成果、推动交流、促进贸易	13	550	—	9 400	31	200	农业产业化国家重点龙头企业或产品获得“三品”认证的企业；大中型农产品出口企业；优秀农机、农资、水产生产企业及外资、合资企业	突出强调农业产业化和农产品质量安全	—
第三届	2005 年 10 月 17～21 日	北京	展示新农业、描绘新农村	17	636	31	10 000	30	220	农业产业化国家重点龙头企业或产品获得“三品”认证的企业；大中型农产品出口企业；优秀农机、农资、水产生产企业及外资、合资企业	农业精品展示区，农业高兴技术和种业展区	—
第四届	2006 年 10 月 16～20 日	北京	新农村、新农业、新生活	17	600	25	10 000	33	286	农业产业化国家重点龙头企业或产品获得“三品”认证的企业；大中型农产品出口企业；优秀农机、农资、水产生产企业及外资、合资企业	“一村一品”展馆	—
第五届	2007 年 10 月 12～16 日	济南	绿色农业、和谐农村	19	1 536	36	10 000	32	345	农业产业化国家及省级重点龙头企业或产品获得“三品”认证的企业，大中型农产品出口企业，优秀种植、水产、畜牧生产企业，农机生产企业，外资合资企业及境外知名企业	在展出内容上增加序厅和农机两个板块；在展示力度上，突出和加强科技、一村一品及专业合作社的展示	为党的“十八大”顺利召开营造良好的氛围

（续）

届数	时间	地点	主题	参展企业		采购商		展团数	贸易成交额（亿元）	参展企业条件	新增展区	备注
				来自国家数	总数	来自国家数	总数					
第六届	2008年10月15～19日	北京	发展现代农业，生产健康食品	11	1 300	17	15 000	32	380	农业产业化国家及省级重点龙头企业或产品获得“三品”认证的企业，大中型农产品出口企业，优秀种植、水产、畜牧生产企业，农机生产企业，外资合资企业及境外知名企业	农村改革30年成就展区、各省龙头企业展区、竞标企业展区、国际展区、农机展区和销售区	配合中国农村改革30周年纪念
第七届	2009年9月7～13日	长春	发展现代农业，建设和谐农村	7	2 000	11	30 000	32	420	农业产业化国家及省级重点龙头企业或产品获得“三品”认证的企业，大中型农产品出口企业，优秀种植、水产、畜牧生产企业，农机生产企业，外资合资企业及境外知名企业	植物工厂、北方淡水鱼类展示区项目	配合第八届中国长春农·食品博览会
第八届	2010年10月18～22日	郑州	发展农业会展经济，支持农产品营销	16	660	20	10 000	33	562	以国家级和省级农业产业化重点龙头企业，产品获得“三品”认证的企业，大中型农产品出口企业，外资合资企业及境外知名企业等为主，鼓励具有良好发展前景、无不良记录的中小型企业报名参展	选出7个代表行业的十强企业集中展示亮相，增设农业示范园、科技园、一村一品和特色农产品等创业板块，扩大了农机板块展示范围	配合第三届郑州农博会
第九届	2011年10月29至11月1日	成都	转变发展方式，推进现代农业	15	2 000	20	10 000	33	602	以国家级和省级农业产业化重点龙头企业，产品获得“三品”认证的企业，大中型农产品出口企业，外资合资企业及境外知名企业等为主，鼓励具有良好发展前景、无不良记录的中小型企业报名参展	农业专业合作社展区、全国园艺作物标准园创建展区等	首次在中国西部地区主办
第十届	2012年9月27～30日	北京	“加快现代农业建设，推进三化同步发展”	22	2 000	17	—	33	705	以国家级和省级农业产业化重点龙头企业，产品获得“三品”认证的企业，大中型农产品出口企业，外资合资企业及境外知名企业等为主，鼓励具有良好发展前景、无不良记录的中小型企业报名参展	农业科技展区，种子展区，农垦展区，现代农业装备展示区	为迎接党的“十八大”营造良好氛围

资料来源：根据相关资料整理。

其二，“市场主调”是指农交会的举办遵循市场规律，顺应市场的需求。每届农交会在举办之前，农业部都会召开筹备工作会，通过行政力量来调动市场力量，深入了解企业的需求，系统调研农产品的流通情况，在参展企业的组织、采购商的邀请以及展会规划和布局等方面，都突出“以企业为主，市场化运作”的特点，以展会的自身魅力吸引企业参展。同时，从第七届农交会开始，组委会在机构设置方面又推出如“具体运作农交会的事宜主要由承办单位牵头负责，部机关人员原则上不再参与具体筹备工作”等新举措，这些都有力地推动着农交会向专业化、市场化和国际化发展，使其更加符合会展农业的市场发展规律。

其三，“企业主体”是指农交会的参展主体以企业为主，进而达到“展示成果、推动交流、促进贸易”的办会宗旨，即通过农交会这个平台，通过大型贸易洽谈、签约仪式、专题论坛、产品推介会等多项活动让广大参展企业切实获得宣传自身品牌、寻找合作伙伴、签订销售订单的回报，让更多更好的农产品得以推广和流通，让更多的采购商和观众能够了解、认识并购买到放心产品。这也正是农交会的生命力所在。

表4-3　历届农交会组织情况一览表（2003—2012年）

	时　间	地点	主办方	承办方	协办方
第一届	2003年11月11～16日	北京	中华人民共和国农业部	全国农业展览馆、中国农业展览协会、中国国际贸易促进委员会农业行业分会	国家发展与改革委员会、财政部、商务部、海关总署、国家质量监督检验检疫总局、北京市人民政府、中国国际贸易促进委员会
第二届	2004年10月11～15日	北京	中华人民共和国农业部	全国农业展览馆、中国农业展览协会、中国国际贸易促进委员会农业行业分会	国家发展和改革委员会、财政部、商务部、海关总署、国家质量监督检验检疫总局、北京市人民政府、中国国际贸易促进委员会
第三届	2005年10月17～21日	北京	中华人民共和国农业部	全国农业展览馆、中国农业展览协会、中国国际贸易促进委员会农业行业分会	国家发展和改革委员会、财政部、商务部、海关总署、国家质量监督检验检疫总局、北京市人民政府、中国国际贸易促进委员会
第四届	2006年10月16～20日	北京	中华人民共和国农业部	全国农业展览馆、中国农业展览协会、中国国际贸易促进委员会农业行业分会	国家发展和改革委员会、财政部、商务部、海关总署、国家质量监督检验检疫总局、北京市人民政府、中国国际贸易促进委员会
第五届	2007年10月12～16日	济南	中华人民共和国农业部	全国农业展览馆、中国农业展览协会、中国国际贸易促进委员会农业行业分会、山东省农业厅、济南市人民政府	国家发展和改革委员会、财政部、商务部、海关总署、国家质量监督检验检疫总局、北京市人民政府、中国国际贸易促进委员会、山东省人民政府

（续）

	时　间	地点	主办方	承办方	协办方
第六届	2008年10月15～19日	北京	中华人民共和国农业部	全国农业展览馆、中国农业展览协会、中国国际贸易促进委员会农业行业分会	国家发展和改革委员会、财政部、商务部、海关总署、国家质量监督检验检疫总局、中华全国供销合作总社、北京市人民政府、中国国际贸易促进委员会
第七届	2009年9月7～13日	长春	中华人民共和国农业部 吉林省人民政府 长春市人民政府	全国农业展览馆、中国农业展览协会、中国国际贸易促进委员会农业行业分会、吉林省农业委员会、长春市净月开发区管委会	国家发展和改革委员会、财政部、商务部、海关总署、国家质量监督检验检疫总局、中华全国供销合作总社、中国国际贸易促进委员会
第八届	2010年10月18～22日	郑州	中华人民共和国农业部	全国农业展览馆、中国农业展览协会、中国国际贸易促进委员会农业行业分会、河南省农业厅、郑州市人民政府	国家发展和改革委员会、财政部、商务部、海关总署、国家质量监督检验检疫总局、中华全国供销合作总社、中国国际贸易促进委员会
第九届	2011年10月29日至11月1日	成都	中华人民共和国农业部 四川省人民政府	全国农业展览馆、中国农业展览协会、中国国际贸易促进委员会农业行业分会、四川省农业厅、成都市人民政府	国家发展和改革委员会、财政部、商务部、海关总署、国家质量监督检验检疫总局、中华全国供销合作总社、中国国际贸易促进委员会
第十届	2012年9月27～30日	北京	中华人民共和国农业部	全国农业展览馆、中国农业展览协会、中国国际贸易促进委员会农业行业分会	国家发展和改革委员会、财政部、商务部、海关总署、国家质量监督检验检疫总局、中华全国供销合作总社、北京市政府、中国国际贸易促进委员会、中国证监会

资料来源：根据相关资料整理。

其四，“群众主流”是指随着农交会的规模、知名度和效应等各方面的剧增，社会各界对其关注度和参与度也逐渐提升。无论是参展商、采购商，还是生产者、消费者，或是新闻媒体、城乡居民，“农交会”这一品牌已逐渐深入人心，农交会日益发展成为一个关心“三农”、支持“三农”、服务“三农”的群众性盛会。

（3）社会和经济效应。其一，宣传政策，展示成就。农交会是目前农业部主办的唯一展会，其办展目的归根结底是要促进中国的农业农村经济发展。回首历届农交会，从筹展、布展到举办等环节无不体现着这一基本内涵。如表4－2所示，仅从每届农交会的主题、新增展区等来看，每年的农交会都紧扣当年的中央一号文件和政府工作报告等指导精神，聚焦中国农业，诠释农业政策，展示系列成就。如第三届农交会针对中央一号文件中提出的“解决‘三农’问题仍然是党和政府各项工作的重中之重”，特推出农业精品馆展区，集中宣传近年来党和国家的一系列优农、惠农政策，介绍我国优势农产品区划和分布。此外，第六届农交会推出了农村改革 30 周年成就展，第五届和第十届农交会分别肩负为迎接党的“十七大”、“十八大”营造良好氛围的重任等（图 4－29、图 4－30）。

图 4－29　第六届农交会推出的纪念农村改革 30 周年成就展

图 4－30　第十届农交会开幕式

其二，推动交流，促进贸易。如前面运行机制中所分析的，农交会以政府为主导、以市场为主调，以企业为主体，通过平台的搭建，以贸易洽谈、产品推介、报告会和研讨会等多种形式推动参展企业、采购商和消费者对于产品、技术和信息等多方面的交流，同时作为国际性的大型展会，它也为我国更多企业和产品进入国际市场，为境外企业了解中国市场，寻求合作机会，提供帮助和支持。如表 4－2 所示，第十届农交会的贸易成交总额达 705 亿元，比第一届的 150 亿元增长了 370％；参展企业共 2 000 家（来自 22 个国家和地区），比第一届的 400 家（来自 9 个国家）增长了 400％（图 4－31、图 4－32）。

图 4－31　第十届农交会的综合产品展示交易区

图 4－32　第十届农交会的水产品展示交易区

其三，引领方向，推动发展。每届农交会对于参展企业和产品均设置较高的准入条件，如对于参展企业而言，必须是农业产业化国家重点龙头企业或产品获得无公害认证、绿色食品认证和有机农产品认证的企业，大中型农产品出口企业，优秀农机、农资、水产生产企业及外资、合资企业（表4－2）。这一方面体现了农交会的“高门槛”原则，同时也显示了引领农业企业朝高目标、强核心竞争力发展的趋势。另外，从布展规划来看，每年的新增展区都融入一些新的发展理念，品牌、绿色、有机、科技等逐渐成为新增的亮点。如第二届农交会的新增展区，突出强调农业产业化和农产品质量安全；第四届农交会上新增的“一村一品”展馆以“产业发展看农村、一村一品见农业”为主题展示了全国各地的优质产品和优势产业；第六届农交会除新增农村改革30年成就展外，还增设了各省龙头企业展区、竞标企业展区、国际展区、农机展区和销售区；第十届农交会新增了农业科技展区、种子展区、农垦展区和现代农业装备展示区（图4－33、图4－34）。此外，在我国第一次于西部地区举办的农交会——四川成都第九届农交会上，特别单独设立的四川展示交易区，不仅较好地展示了四川省灾后恢复重建成果和现代农业发展经验，而且极大地推动了当地经济发展。据统计，经过4天的展销活动，四川展团在该农交会上取得丰硕成果——投资签约70个项目，签约额超过331亿元，在各参展团中位列第一，并居该展团参加农交会历史之最[①]。

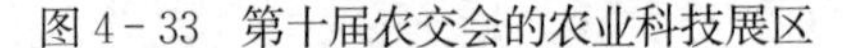
图4－33　第十届农交会的农业科技展区

图4－34　第十届农交会的现代农业装备展示区

三、节庆驱动型发展模式与典型案例

（一）节庆驱动型发展模式内涵

节庆驱动型发展模式主要指利用自然生态、田园景观、环境资源和农事、

① 国际农交会完美收官．东道主四川名利双收．最成都网．2011－11－2.

农俗等，通过果蔬采摘节庆、休闲娱乐节庆以及民俗文化节庆[①]等，将农林渔牧生产、农业经营活动与旅游度假相结合，在提供民众休闲的同时，达到延长农业产业链，带动农村运输、餐饮、住宿、商业及其他服务业发展的目的。如平谷区依托拥有十多年历史的“平谷国际桃花节”，打造以音乐展示、音乐制造、音乐演艺、音乐观光等为主体的“中国乐谷”；大兴区通过举办西瓜节，促进了乡村旅游的发展；房山区在近年“十一”黄金周期间推出张坊金秋采摘节、上方山红叶节等十几项金秋采摘活动，提升了当地经济；怀柔区琉璃庙镇以杨树底下村为核心区域，围绕正月十五元宵节和正月十六“敛巧饭”活动，举办为期4天的节庆活动，并于2008年6月成功入选国家级非物质文化遗产名录等。

该发展模式主要适用于拥有一定自然风光、果园基础设施较好，或具有民俗文化、旅游资源基础的区域。

（二）典型案例分析

1. 平谷桃花会展农业

（1）发展简况。平谷桃花会展农业是指北京平谷地区利用“万亩桃花海”，依托平谷国际桃花节将当地农业发展与休闲旅游、文化体育和加工业等相融合，带动当地经济发展（图4－35）。

平谷国际桃花音乐节始于1999年，于每年4月中旬至5月初举办。到2012年已成功举办了14届，并从2011年开始融入“中国乐谷”这一新载体的打造，将北京平谷国际桃花节易名为北京平谷国际桃花音乐节。作为中国十大地方节庆之一，该节庆以桃花为媒介，融旅游、经贸、文化、体育等为一体，已成为具有浓厚北京特色的中国知名节庆品牌之一（图4－36）。据统计，前12届累计接待游客达713.52万人次，收入达2.6亿元[②]。

（2）运行机制。平谷桃花会展农业的运行机制呈现为“政府主导、多主体参与、多内容配合”。

①“政府主导”体现于两方面，一是当地政府积极创造各方面条件，促进平谷大桃特色农业的发展。平谷大桃的发展始于20世纪70年代，到20世纪90年代初，当地政府专门成立了平谷果品办公室，并持续实施“大桃一品带

---

① 据北京市旅游局不完全统计，2010年北京果蔬采摘节庆约33个，具有影响力的各种休闲娱乐节庆活动35个；除城区庙会外，具有一定规模的民俗旅游文化节庆19个。

② 让中国乐谷唱响华夏新篇章．人民网．2011－5－27.

图 4－35　北京平谷的“万亩桃花海”

图 4－36　第十三届北京平谷国际桃花音乐节开幕式表演

动战略”。目前，平谷大桃种植面积已从原有的 4 万亩发展到 22 万亩，平谷不仅成为中国著名桃乡，而且也成为世界上面积最大的桃花园。这为桃花会展农业的发展提供了雄厚的农业资源基础。二是当地政府积极组织平谷国际桃花音乐节。该节庆自举办以来，均由北京市平谷区委、北京市平谷区人民政府与其他相关企业、公司和媒体共同主办，无论是在资金还是政策等方面，区委区政府均给予大力支持。

② “多主体参与、多内容配合”，是指平谷桃花会展农业在政府主导下，由生产企业、加工企业、文化体育公司、策划公司和生产农户等多主体参与其中，以旅游、经贸、文化、体育等多种内容配合，形成一个有机整体。如 2012 年，平谷会展农业依托第十四届国际桃花音乐节，组委会主办了包括“中国最有魅力休闲乡村”颁牌盛典、北京国际流行音乐季、桃花音乐节大型相亲会和驻京中外企业平谷行等多种形式的活动共 12 项。同时，各委办局、乡镇和企业还依据各自特点和优势主办了厨艺技能大赛、手工艺品制作展示、摄影大赛，以及百人单车比赛等精彩纷呈的各类活动。

(3) 社会和经济效应。其一，促进农民增收，带动农业经济发展。目前，世界最大的平谷桃园 22 万亩，年产约 1.4 亿千克桃，年收入逾 9 亿元[①]，形成了大桃一品带动，大枣、核桃、樱桃等多种果品共同发展的格局，平谷地区的农业产值也已连续 22 年位于北京市第一位。

其二，拓展产业链条，拉动多产业发展。一是加工业，平谷已开发出桃酒、桃花茶等百余种产品。此外，桃木工艺品加工企业和小提琴生产企业等发

① 桃花谷里寻芳迹 惠农政策谱新章．中国外交部网站．2011－4－21．

展颇具规模，市场占有量不断上升。目前，平谷桃产业已形成了一条龙的绿色生产链，带动当地10多万农民走上致富道路。二是旅游业，如2011年4月17日至5月7日的21天里，平谷共接待游客149.97万人次，实现旅游收入6 691.2万元，分别比上年同期增长27%和32.4%[①]。三是文化产业发展。如2011年6月，中国唱片总公司和北京歌华文化发展集团等7家文化企业与平谷区政府和中国乐谷管委会集中签署了30亿元的投资协议[②]，全力推进了中国乐谷建设。

其三，形成产业集群，驱动区域经济发展。近年来，依托每年的国际桃花节，平谷地方政府都举办了投资平谷的推介会，成功地吸引了众多投资企业，产业集群逐步成型，驱动区域经济较好发展。如在2011招商新闻发布会上，涌现了包括京东商务休闲总部区、中关村国能新能源产业园、亚洲最大蛋鸡养殖基地、国内一流的天然温泉度假村等在内的十多个颇具投资潜力的新建和待建项目。在2012年的推介会上（图4-37），来自拜耳医药、通用电气、蒙特利尔银行等100余家驻京跨国公司、大型民企、股权投资机构、央企、国内外商（协）会等高层管理人员应邀参会[③]。此外，目前正在打造的中国乐谷规划面积10平方千米，预计投资150亿元。项目建成后，将实现年产值300亿～500亿元，提供就业岗位5万个[④]，经济效益和社会效益十分明显（图4-38）。

图4-37　2012年驻京中外知名企业投资平谷行推介会现场

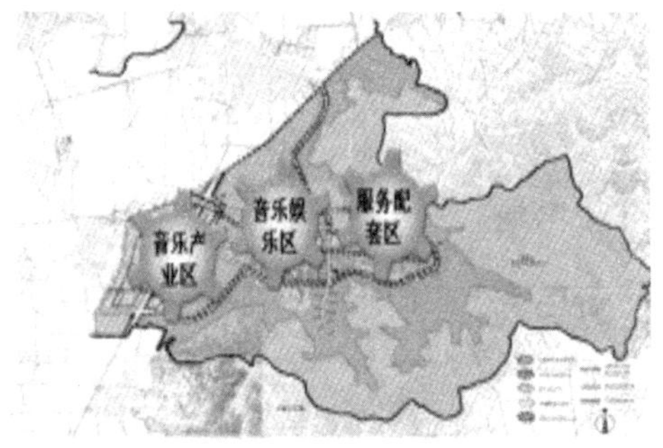

图4-38　中国乐谷规划图

① 平谷国际桃花音乐节闭幕 旅游收入突破6 000万．中国网．2011-5-14.

② 李早．30亿签约提速中国乐谷建设．绿谷．2011（6）．

③ “驻京中外知名企业投资平谷行”活动成功举办．北京市投资促进局．2012-5-3.

④ 闫维洪．在第十三届北京平谷国际桃花音乐节新闻发布会上的讲话．绿谷．2011（4）．

2. 大兴西瓜会展农业

（1）发展简况。大兴西瓜会展农业是指北京大兴地区利用西瓜这一特色优势农产品，依托大兴西瓜节将当地一、二、三产业相融合，带动当地经济发展。

大兴西瓜的种植由来已久，古时为贡品，直到清末，元、明、清三朝相沿不断。目前，大兴西瓜种植面积为 10 万亩左右，西瓜总产达 2.6 亿千克，面积和产量均居京郊各区县之首。在此基础上兴起的大兴西瓜节作为一项传统节庆活动，于每年 5 月 28 日举行，到 2012 年已经成功举办了 24 届，并已发展成为展示、宣传大兴的一张绿色名片，以及助推区域经济发展、扩大文化交流、展现地区发展成果的重要平台（图 4－39、图 4－40）。

图 4－39　第十八届大兴西瓜节绿色农产品营销活动启动仪式

图 4－40　第二十一届大兴西瓜节开幕式现场

（2）运行机制。类似于平谷桃花会展农业，大兴西瓜会展农业的运行机制也表现为“政府主导、多主体参与、多内容配合”。

①“政府主导”。一方面，多年来，为了保证大兴西瓜的品质，大兴区政府采取多项措施确保大兴精品西瓜生产。如积极引导引进优良品种、积极推广小型西瓜棚室上架栽培模式以及鼓励开展测土配方施肥工作等。从 2003 年开始至今，大兴区已建设西瓜标准化生产示范基地 18 个，涉及全区 6 个镇 19 个村，基地建设总面积 1.1 万亩[1]。另一方面，作为政府主导下的节事活动，大兴西瓜节一直由北京市旅游发展委员会和大兴区人民政府等政府部门组织，具体实施决策、主办和监控，以及协调、外联和服务等职能。如近年来大兴区政

① 大兴西瓜产业带活西瓜经济．北京商报，2011（7）：18.

府投资近亿元，重点打造庞安路休闲旅游采摘带（即甜蜜大道）[①]，并将沿途1.5万亩西瓜设施保护地规划成片；同时还投入6 500万元完善各个采摘园区的硬件设施，提升其文化内涵和生态价值[②]。

②“多主体参与、多内容配合”。以2012年的第二十四届大兴西瓜节为例，以该节庆为平台，主办方推出了西瓜节开幕式、旅游系列活动、全国西甜瓜擂台赛、“绿色流通、便民惠农”系列活动、西瓜节系列文艺演出和大型群众互动性旅游节目等六大主题活动，让众多的生产企业和销售企业、旅游公司和会展公司、农户和消费者纷纷参与其中。

（3）社会和经济效应。其一，展览示范，辐射带动。大兴区以西瓜节庆为平台，积极开展各类展览展示、评选和推介等活动，不仅集成性地展示了都市型现代农业的丰硕成果，促进了科技交流，更为北京其他地区及全国的发展起到辐射和带动作用。如在第二十四届西瓜节期间，同期举办了全国西甜瓜擂台赛，共有来自浙江、山东、天津、北京4个省（直辖市）的326名种瓜能手参加了比赛[③]（图4-41），带动了西甜瓜产业及品质和产量的提升；同时在南海子公园举办了的首届大型新区成果展（图4-42），通过现代工业、都市农业、民俗文化、特色礼物、移动房车5个单元10大展厅，集中展示了大兴新区在高端产业集聚、都市型现代农业发展、非物质文化遗产保护、旅游商品开发等方面取得的成果，以会展农业之美让观众耳目一新地感受近年大兴区的蓬勃活力。

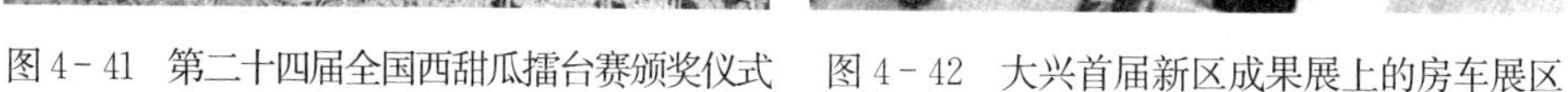
图4-41　第二十四届全国西甜瓜擂台赛颁奖仪式　　图4-42　大兴首届新区成果展上的房车展区

① 全长13.5公里，涉及19个村4 000余农户。

② 节庆搭台 北京大兴乡村旅游唱新戏．中国乡村旅游咨询网．2011-9-30.

③ 第二十四届北京大兴西瓜节“中坤杯”全国擂台赛在庞各庄召开．北京大兴信息网．2102-5-30.

其二，农业增效，农民增收。近年来，大兴地区通过发展西瓜会展农业、设施农业和精准农业等得到了大力推广，在该区西甜瓜种植的10万亩面积中，设施西瓜种植面积占到4万多亩，年产量近3亿千克，每年试验、示范、试种、推广新品种达百余个。仅2009年，全区设施农业总面积就达10万亩，占全市设施农业总面积的61%以上，居京郊之首①。同时，包括庞各庄、安定两个镇在内的6个主产瓜乡，已形成了一条西瓜产业带，4个西瓜产业区。科技带动、集聚效能、品牌效应等释放出巨大能量，有力地促进了农民增收。

其三，产业融合，地区发展。近几年来，西瓜会展农业有效融合了一、二、三产业的发展，见证了南城行动计划、大兴区和北京经济技术开发区行政资源整合，以及重大项目落户大兴等系列重大举措，推动了新城的腾飞。如在第二十三届西瓜节期间，老宋瓜园、庞各庄御瓜园每天接待游客均为1 000多人，日均实现收入12万多元，旅游业的发展得到有力拉动；在第二十四届西瓜节期间，在庞各庄镇“任我在线”配送中心举办了大兴区“绿色流通·便民惠农”系列活动暨大兴特色农产品推介会，推动了该区农产品流通业的创新。此外，还围绕新区“一区六园”产业布局，推出了包括“百泰生物”、“可口可乐”和“新能源汽车”等十余家企业在内的工业旅游景点，拓展了产业链条，融合了工业、农业和旅游业的发展。

四、集成辐射型发展模式与典型案例

（一）集成辐射型发展模式内涵

依据会展农业构成要素中其平台的衍生体层次，集成辐射型发展模式主要指的是依托休闲农业、设施农业、创意农业、循环农业和沟域经济等多种农业形态，通过以一批龙头企业的带动、一片示范基地的建立、一带农业长廊的打造和一批试点活动的展开等多种集成形式，示范、推广和普及现代农业科学技术和现代农业先进理念，充分发挥会展农业的高端引领功能，带动和辐射其他区域和地区农业的发展。如正在北京建立和发展的国家农业现代科技城、全国农产品加工示范企业、全国农村科普示范基地、国家级农业标准化示范区、沟域经济以及“农民学艺活动”等。通过这些龙头形式带动、辐射整个北京及全

① 开发农业生态生活功能，实现一、二、三产融合发展．农民日报，2009（6）：7.

国其他地区农业的发展。

该模式主要适用于具有良好的现代农业科技资源、农业发展较快、整体经济水平相对较高的区域。

（二）典型案例分析

1. 国家现代农业科技城

（1）发展简况。为推进创新型国家建设和北京世界城市建设，围绕提升农业科技自主创新能力和打造农业高端产业，2010年8月16日，科技部与北京市人民政府在北京举行了共建国家现代农业科技城签约仪式，共同推动国家现代农业科技城建设。作为会展农业平台的衍生品之一，“科技城”突破了原有农业科技园区技术示范、成果转化、生产加工的传统模式，通过采取“一城、多园、五中心”的新模式[①]，以现代服务业引领现代农业、要素聚集武装现代农业、信息化融合提升现代农业、产业链创业促进现代农业为主要特征，以高端服务、总部经济研发、产业链创业和先导示范为主要功能，以“两端在内中间在外”为服务方式[②]，为全国现代农业发展提供了技术引领和服务支撑。

（2）运行机制。目前，国家现代农业科技城按照“政府行政协调、投资管理运作”的方式，以及“统一化、多元化和企业化”的原则，建立长效运行管理机制。

①统一化。成立国家现代农业科技城管理委员会，组建独立办公的团队，建立稳定的工作制度，统筹研究运行机制，制定相关政策，编制建设规划，落实工作目标，监督检查和统筹协调科技城建设工作，并接受领导小组直接领导，承担政府行政协调工作职能。

②多元化。围绕科技城“一城多园”的建设内容，以园区为单位，建立起目标明确、标准规范、独立运行、多元主体运作的协调管理机制。

③企业化。在各特色园区内成立以农业科技投资管理公司为代表的企业，采用市场化运作模式，广泛吸引高校、科研院所、企业开展现代农业技术的开发、引进、示范和推广，并在资本市场上运作农业科技项目，吸引社会资本参

① “一城”，指物理空间（标志）与虚拟网络相连接的农业科技城；“多园”，指在科技城内建设若干特色鲜明、专业性强、辐射面广、科技与服务结合紧密、具有现代农业高端形态的特色园区；“五中心”，指打造农业科技网络服务中心、农业科技金融服务中心、农业科技创新产业促进中心、良种创制与种业交易中心以及国际化的农业科技合作交流中心。

② 即高端研发、品牌服务和营销管理在北京，生产加工在京外。

与农业科技城建设。

(3) 社会和经济效应。一是科技带动、辐射推广。通过建设国家现代农业科技城,如2011年,科技部启动“十二五”农业科技计划共14个重大主题,北京市启动典型科技项目15项。其中,北京市科委统筹农业领域科技经费总预算1.1亿元①,实施了“首都现代农业育种服务平台建设”、“农业物联网关键技术集成与应用示范”、“农业智能装备系统化集成研究与产业化”等一批重大项目,以及设立“国家现代农业科技城产业培育专项”。同时,通过网联各省市国家农业科技园区,以成果对接和产业互动的形式向全国辐射推广(图4-43)。

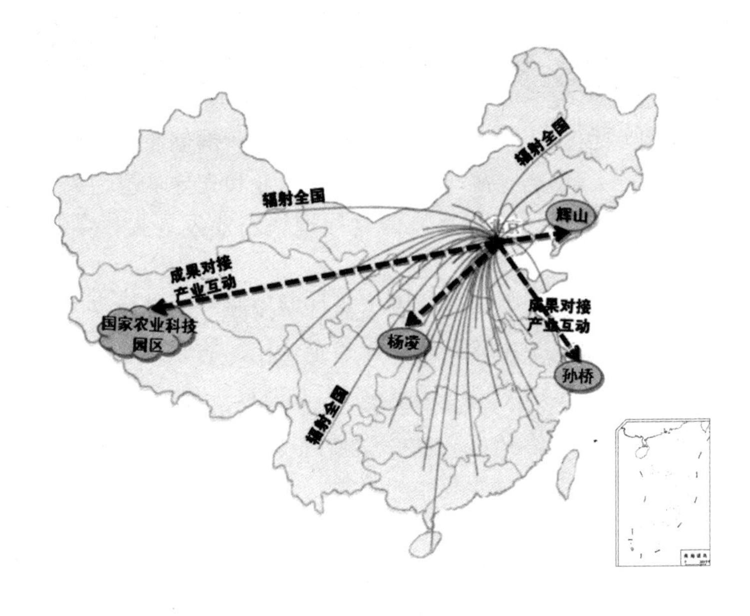

图4-43 国家现代农业科技城的带动辐射效应示意图

二是资源聚集、先导示范。目前,国家现代农业科技城已经联合20个涉农国家工程技术研究中心、25个国家工程中心、52个国家重点实验室开展农业科技创新研究,并已经吸引美国杜邦、法国利马格兰等10余家跨国公司,首农、大北农等98家农业龙头企业及中粮集团、中种集团等6家央企总部在

① 张文娟,郭敏.高瞻远瞩 建树未来——写在国家现代农业科技城一周年之际[J].中国农村科技,2011(8).

京聚集[①]。此外，还通过良种创制中心、农业科技网络服务中心[②]、新发地农产品现代物流科技园[③]、昌平园、顺义园和通州园等的启动和建设，有效整合了农业资源，并为全国现代农业的发展等提供了技术引领、先导示范和服务支撑（图 4－44、图 4－45）。

图 4－44　新发地农产品现代物流科技园启动仪式

图 4－45　国家现代科技城通州园启动仪式

三是国际交流、引进示范。国家现代农业科技城启动以来，先后举办了“国际生物技术与农业峰会”、“中英现代农业技术转移合作论坛”、“2011 跨国技术转移北京论坛”、“国家现代农业科技城球根花卉国际论坛”、“新能源技术在设施农业中的地位与作用论坛”等一系列国际农业高层论坛。随着一批涉及生物医药、农业科技、节能环保、花卉产业等领域的国际技术转移合作项目的正式签约，引进了国外高端农业科技成果进行试验示范，有力地推动了北京及国家现代农业发展的国际化进程。

2. 国家级农业标准化示范区

（1）发展简况。农业标准化示范区是指围绕农、林、牧、副、渔业特定项目，以示范推广农业标准化为主要内容的，建设具有一定规模、组织管理完善的农业生产、加工、经营和管理的区域，它是会展农业平台衍生体的又一重要形式。自 1995 年第一批国家级农业标准化示范区建设至今，北京市已经建成

---

① 张舵．北京农科城：为农业发展注入创新活力．新华网．2012－4－25.

② 通过农业科技信息服务体系的构建，建立了农业技术交易平台和基于全产业链的物联网监管系统，连通共享了多省份的 13 个农产品行情数据库和 8 个农业大省的 14 个农业科技成果发布源，已与 100 多家企业、科研单位及科技园区实现了网联和视频展示。

③ 通过新发地农产品现代物流科技示范园的建设，已成功对接泰国、智利等国的 7 个生产基地、20 个品牌超市和北京 100 个社区便民店对接，实现了“生产基地—批发市场—终端市场”的物流监管和食品安全监测。

六批国家级农业标准化示范区共计 79 个[①]。这其中，包括了通州和顺义的蔬菜，昌平的苹果和种苗，三元集团的奶牛，平谷的大桃，大兴的西瓜，房山的果品、蔬菜和食用菌，门头沟的樱桃和玫瑰花等特色农产品项目。为推动北京市的国家级农业标准化示范区的建设，国家和地方政府相关管理部门共投入资金 3.9 亿元，企业投入 7.8 亿元。目前，北京市农业标准化示范区覆盖面积达 8.9 万公顷，带动农户 24 万户，累计实现经济效益 38.6 亿元[②]。国家级农业标准化示范区的建设，不仅促进了农业科技成果的推广应用，加快了农业产业结构调整和优化升级，还进一步带动了区域经济发展，并改善了生态环境，实现了农业增效、农民增收。

（2）典型案例——妙峰山玫瑰花国家级农业标准化示范区。

①简介。妙峰山涧沟村位于门头沟区西北部，面积 11 平方千米，最高海拔 1 291 米，具有种植玫瑰花的优越自然条件和农业传统。据史料记载，自明代起当地就开始栽培、种植玫瑰，距今已有 500 多年的历史。为加快培育主导产业，努力提高农民收入，妙峰山镇涧沟村自 2008 年至 2010 年开展了“妙峰山玫瑰花国家级农业标准化示范区”建设项目（图 4－46），该项目于 2010 年 6 月 17 日通过验收。通过示范区的建设，有效促进了涧沟村玫瑰花特色产业的发展，带动了农民就业和增收，使玫瑰花生产更具规模化、产业化和融合性等特点，并为全国其他地区的农业标准化发展起到了示范和宣传作用。

图 4－46　妙峰山玫瑰花国家级农业标准化示范区

① 北京市第七批全国农业标准化示范区项目（共 8 个）目前正在建设中，到 2013 年年底前完成示范任务。

② 北京市质监局召开北京市第七批全国农业标准化示范区工作会．北京市质监局网．2011－4－27.

②运行机制。

其一，健全组织管理体系。示范区成立了以村党支部书记、村委会主任、经济合作社法人代表为总负责人的示范区领导小组，并在领导小组下设立生产管理组、收购组、销售组、综合组、监督组等专门管理组织，明确各部门负责人，建立健全了组织管理体系。

其二，严格示范区标准体系。根据《中华人民共和国标准化法》及国家标准化管理委员会《国家农业标准化示范区管理办法》，结合示范区实际情况，建立了示范区标准体系。其中，管理标准 19 个，工作标准 9 个，技术标准 1 个。标准体系保证了示范区种植的玫瑰花在产地环境条件、苗木繁殖、日常管理、花朵采收等多个方面有标可依。同时，定期开展农残和有害金属专项监督抽样检测，确保玫瑰花的质量。

其三，依托合作组织推进产业化升级。通过示范区建设，组织原单独经营的花农，吸纳 130 户农户，成立了北京妙峰玫瑰种植专业合作社，积极推进农业产业化升级，引入了现代农业机械，实现规模化、集约化发展。生产过程实施关键点控制（包括玫瑰花日常管理、投入品的使用、病虫害的防治等）。同时，为了使示范区玫瑰花的生产过程实现追溯，对生产各环节进行真实和详细的记录。

③社会和经济效应。

一是促进农民增收。目前，示范区现有玫瑰花 333 公顷，按照 2009 年统计数字计算，玫瑰花种植收入约 60 万元，玫瑰花加工收入 500 万元，同时解决了村内 200 余人的就业问题[①]。

二是融合多产业发展。示范区积极促进第一、第二、第三产业融合发展。如以玫瑰花为原料加工成的玫瑰酱、玫瑰酒、玫瑰糕点、玫瑰茶等产品，年销售额可达 500 万元。同时，涧沟村的玫瑰种植示范区已经成为北京市郊区旅游的著名景点，每年示范区吸引游客 10 万～12 万人次，并呈逐年提升的趋势。仅 2009 年，玫瑰花带动的相关旅游产业收入达 450 余万元，人均收入 10 900 元，与 2007 年相比，增长了 30%[②]。

三是丰富人民文化生活。近年来，示范区建立了玫瑰博物馆，并与门头沟区旅游局合作举办了“玫瑰之约”大型婚礼（图 4－47），丰富了人民群众的文化生活。此外，还完成了涧沟村街坊路硬化、环境绿化整治等多项工程，获得了门头沟区“最美丽的山村”称号，促进了城乡和谐发展。

---

①② 妙峰山玫瑰花国家级农业标准化示范区．中国·门头沟网．2011－6－29.

图 4-47　妙峰山“玫瑰之约”大型婚礼活动现场

3. 沟域经济产业带

（1）发展简况。沟域经济是指以山区沟域为地理空间，以范围内的自然景观、人文景观、历史文化传统和产业资源为基础，通过对沟域内部的环境资源、景观、产业等元素的统一整合，集成旅游观光、生态涵养、历史文化、高新技术、文化创意、科普教育等内容，建成形式多样、产业融合、规模适度、特色鲜明的产业经济带，以达到促进山区经济发展和农民致富的一种经济形态。它由北京结合京郊山区农业发展基础与特点在全国率先提出，是会展农业平台衍生体的另一重要形式。经过多年的发展，目前北京市 1 千米以上的沟约有 2 053 条①，并形成了包括如怀柔的“雁栖不夜谷”，密云的“云蒙风情大道”和延庆的“四季花海”等 17 条具有典型示范带动效应的沟域②，对全国山区经济的发展起到了良好的引领作用。

（2）典型案例——延庆的“四季花海”沟域。

①简介。“四季花海”沟域横跨延庆县四海、珍珠泉、刘斌堡 3 个乡镇，29 个行政村，沟域面积 164 平方千米，是 2011 年北京市重点建设的 7 条沟域之一。在整条沟域中，刘斌堡是通往百里山水画廊和四季花海两条沟域的要道和门户，四海是四季花海核心区、珍珠泉是次核心区。其中，四海作为

① 何忠伟等．北京沟域经济发展研究［M］．北京：中国农业出版社，2011.

② 2012 年 11 月 27 日，北京沟域经济建设成果展示暨招商推介会在北京国际会议中心举行。通过沟域经济的打造，目前北京市共实施项目 264 个，完成投资 59.4 亿元，其中公益类项目 198 个，完成投资 17.6 亿元；产业类项目 76 个，完成投资 41.8 亿元。

一个山区小乡镇，2002 年以前其农户以种植传统玉米等大田作物为主，人均收入仅为 3 505 元。近年依托沟域经济模式，打造“四季花海”品牌，经济增效显著，2011 年人均增收 5 000 元[①]，成为北京市沟域经济的新奇葩(图 4－48)。

图 4－48　延庆的“四季花海”沟域

②运行机制。在市场化发展中，“四季花海”沟域通过不断探索，创新出“合力、高端、生态”的运行机制。

其一，“合力”是指已初步形成的由政府引导、以花卉生产企业和花卉种植大户为经营主体、以花卉科研院所为外部技术支撑、以农民合作组织为纽带、广大农户广泛参与的有机运行整体发展模式。

其二，“高端”是指立足四海花卉产业种苗繁育研发中心建设，依托科研院所的技术支撑，升级发展现代专业化花卉产业园区，塑造“四季花海”自主品牌，使四海镇成为北京花卉籽种种苗中心、北京花卉生产加工中心、北京山区花卉休闲旅游中心。

其三，“生态”是指在沟域建设过程中，坚守生态底线，实施菜食河小流域治理、延疏路绿色通道、生态公益林和森林健康经营等项目，改造流域景观，畅通绿色通道，美化山林景色，将经济发展与生态涵养有机结合。

③社会和经济效应。一是沟域形象焕然一新。发展沟域经济以来，通过实施沟域大环境整治工程，整条沟域拆违、拆旧 5 131 米^2，绿化、美化 30 万

① 转变经济发展方式，沟域经济建设初见成效．北京市农村工作委员会网站．2012－3－15.

米^2，建设生态停车场14个①。这些与万余亩层次鲜明、错落有致的花卉景观交相辉映，凸显出了“整洁优美、生态自然、功能完备、气势恢弘”的效果，一个有利于提高市民幸福指数的“四季花海”特色沟域景区基本成型。

二是产业发展及带动效应初显成效。整条沟域依托花卉产业基础，将“造景迎客”、“强镇富农”与“扬名养沟”相结合，目前资金投入总量已突破4亿元，并有效拉动了旅游休闲产业和花卉加工产业的发展，大幅度提高了农民收入。2011年，四海镇花卉产业共解决农民就业1 300多人，全年花卉综合收入超过3 500万元，人均增收5 000元②。“五一”花季后，全镇接待游客10多万人，高峰期一天可接待4 000人，实现旅游收入400多万元。此外，为进一步扩大花卉加工产能，还与“美科尔”筹建万寿菊加工厂，年加工能力将达到1万亩、30万吨③。

① 四项实招“保驾护航”，塑造京郊花海沟域新奇葩．北京市农村工作委员会网站．2011－11－17.

② 据2011年统计数据，仅前三季度农民人均劳动所得6 856元，同比增长16.2%。

③ 转变经济发展方式，沟域经济建设初见成效。北京市农村工作委员会网站。2012－3－15.

第五章　北京会展农业发展水平评价

一、会展农业产业发展评价指标体系设计

如前几章所述，会展农业已在北京兴起和发展，形成了一些特点，摸索了一些经验，创造出一些模式，成为北京今后农业经济发展新的增长点。作为都市型现代农业的创新实现形式，会展农业的发展不仅指经济增长、劳动力就业增加、环境的改善与可持续发展，更重要的是要实现经济、社会、生态与文化等协调发展。

本部分通过评价指标体系的设计，诠释作为会展农业产业应具备的经济指标、政策环境、硬件环境。本研究认为作为会展农业应该具备一定的产业规模、良好的产业发展、鲜明的技术进步优势、较强的产业组织化程度、良好产业社会影响力、显著的产业经济效益和良好的会展基础设施。因此，本部分将从发展会展农业产业所必备的经济指标、软件条件和硬件条件 3 个一级指标，从产业规模、产业发展、产业进步优势、产业政策、产业组织化程度、产业影响力和会展设施条件 7 个二级指标，以及 20 个三级指标，建立区县级会展农业产业评价指标体系（表 5－1）。

表 5－1　北京会展农业产业评价指标体系

一级指标	二级指标	三级指标
经济指标	产业规模	产业产值（万元）
		产业产值占区县农业总产值的比重（%）
		种植面积及规模（亩）
		产量（吨）
	产业发展	“十一五”产业产值发展速度
	产业技术进步	品种数量（个）
软件环境	产业政策	产业经费投入
		是否列入区县会展规划

（续）

一级指标	二级指标	三级指标
软件环境	产业组织化程度	行业协会数量
		龙头企业数量
		专业户数量
		从业户数
	产业影响力	国际会展届数
		国内会展届数
		节庆活动届数
		品牌知名度
		参展企业数
		参加会展和节庆人数
		交易额
硬件环境	会展设施条件	会展场馆数量
		会展场馆面积

二、北京会展农业产业发展水平评价

本研究参照表 5-1 会展农业产业评价指标体系对北京市各区县农业产业进行评价，并将北京各区县的会展农业产业的发展阶段划分为成熟期、发展期、培育期和后备期四个阶段，在此基础上探讨未来北京会展农业产业发展的结构布局和空间布局。本部分的所有表格信息没有作特殊说明的均来自北京市经管站，数据时间为 2010 年。

（一）昌平区会展农业产业发展评价

近年来，昌平区依托区域内整体资源优势及特点，突出地域特色，产品品牌不断提升，会展农业成为昌平农业重要的增长点（表 5-2）。

表 5-2　昌平区会展农业产业发展评价表

一级指标	二级指标	三级指标	草　莓	苹　果	百合花卉	樱　桃
经济指标	产业规模	产业产值（万元）	18 000	15 600	4 244.95	180
		占区县农业总产值的比重（%）	10.7	9.3	2.5	—
		种植面积	草莓温室 8 000 栋	标准化 3.4 万亩	1 387 栋	—
		产量	75 000 吨	25 000 吨	切花产量 475.94 万枝，自繁百合种球 600 万粒，脱毒种球 80 万粒，各基地自行繁育种球 79.6 万粒	—
	产业发展	“十一五”期间产值发展速度（%）	210	16.2	295	—
	产业技术进步	品种数量及占世界品种的比重	33 个（72%）	423 个（12%）	15 个（1%）	—
政策环境	产业政策	产业经费投入或扶持措施	（1）申报草莓生产基地水、电、田间路网等配套基础设施建设项目，按批准项目资金数额的 100%进行补助； （2）日光温室补贴，3 万元/栋； （3）草莓种苗补贴，0.15 元/株； （4）农药 50%补贴	种苗/0.15；套袋、农药 50%；有机肥 150 元/亩；设备防虫网、防鸟网；节水设备补贴	百合日光温室建设每栋补贴 5 万元，百合春秋棚每栋补贴 2.5 万元；百合日光温室和春秋大棚的节水灌溉用材料费实施 100%的补贴；百合温室自行购置安装的卷帘机每台补贴 2 000 元，享受市政府采购的每台补贴 1 000 元，涉农企业百合日光温室 50 栋以上的自行购买安装每台补贴 2 000 元；对进口百合种球周径为 16～18 厘米以上规格的每粒补贴 1 元	—
		是否列入区县会展规划	是	是	否	否

（续）

一级指标	二级指标	三级指标	草　莓	苹　果	百合花卉	樱　桃
政策环境	组织化程度	行业协会及合作社	农民专业合作社	（1）北京市昌平区崔村镇真顺红苹果专业合作社 （2）北京市昌平区营坊昆利果品专业合作社	13 家农民专业合作社	—
		龙头企业数量	—	—	4	—
		专业户数量	1 400（户）	—	—	—
		从业户数	3 000（户）	1 500（户）	1 000（户）	—
	产业影响力	主办国际会展届数及效益	2012 第七届世界草莓大会，200 家企业，20 万人	—	—	无
		主办国内会展届数及效益	第六届全国草莓大会，77 家企业参展，5 200 人次参观	昌平苹果文化节，第八届	—	无
		节庆活动届数及效益	昌平草莓文化节，第七届	—	—	红樱桃采摘节
		品牌知名度	国家地理标志	非常好，国家地理标志	—	一般
硬件环境	会展设施条件	会展场馆数量	一区、一场、一园、两中心	苹果主体公园	—	—
		会展场馆展位面积（万米^2）	10	47	—	—
产业诊断	会展农业产业发展阶段		成熟期	发展期	培育期	后备期
	会展农业产业发展目标		国际会展	国内会展	国内会展	区内节庆

注："—"为没有统计的缺失信息。

1. 草莓产业进入会展农业的成熟期　昌平草莓有着良好的会展农业产业发展所需的各项指标。2010年昌平草莓温室大棚达到8 000栋，产量突破7 500万吨，产业产值突破了1.8亿元，占昌平农业总产值的10.7%，比2009年产值翻了一番。昌平草莓目前种植品种达到33个，占世界草莓品种的72%。丰富的品种为昌平草莓在全国乃至世界范围内的影响力奠定了良好的基础。区政府对草莓生产所需物资、肥料、农药实行配送政策，区财政给予补贴。如昌平对申报草莓生产基地水、电、田间路网等配套基础设施建设项目，按批准项目资金数额的100%进行补助；对日光温室每栋补贴3万元，草莓种苗每株补贴0.15元，农药补贴50%。这些政策的实施有效地推动了草莓产业的发展，尤其设施草莓产业的发展。草莓产业已经列入昌平区会展农业产业发展规划。此外，草莓产业组织化程度不断提高。2010年昌平最大的草莓龙头企业北京天翼生物工程有限公司，带动了14 000个草莓专业户。该公司为农民提供产前种苗供应、产中技术指导、产后产品收购的周到服务。从而实现了对一家一户分散生产的有效控制，实现了草莓产业的分散生产、集中控制及标准化生产。产业组织化程度的提高为昌平草莓市场化运作和草莓会展经济的发展奠定了良好的组织基础。同时，如第四章案例分析中所探讨的，在多年发展的基础上，昌平草莓会展农业以第七届世界草莓大会为契机，创新性地构造和实现了“兴业、惠民、兴城”的北京会展农业的核心理念，实现了“办好草莓大会，拉动一个产业，富裕一方农民”的目标。

总之，随着2012年世界草莓大会的举办，北京昌平的草莓会展农业已经完成了起步阶段的转型，并已进入了会展农业的成熟期。今后应充分发挥昌平草莓产业在北京的产业引领和示范作用，进一步完善昌平草莓会展基地建设和世界草莓大会后的场馆利用问题，扩大对其他区县的技术、人才的带动，进而辐射全国，打造国际化的北京草莓品牌。

2. 苹果产业进入会展农业的发展期　苹果产业是昌平区的农业主导产业之一。2010年昌平标准化的果园面积达到3.4万亩，年产量2 500万千克，年产值达到1.56亿元，占全区农业产值的9.3%。区政府对苹果产业的种苗、套袋、农药、有机肥、设备防虫网、防鸟网和节水设备补贴都给予了政策性补贴，昌平苹果产值在“十一五”期间平均增长速度达到16.2%，带动了农户3 000多家。苹果产业已经列入昌平会展农业发展的规划。苹果产业组织化程度日益提高，苹果协会还在筹备中，现有的北京市昌平区崔村镇真顺红苹果专业合作社和北京市昌平区营坊昆利果品专业合作社等带动入社农户600多户，较好地提升了昌平苹果的组织化程度。昌平苹果作为中国地理标志性产品，其产业影响力也越来越大。截至2010年，昌平区已经连续举办了8届昌平苹果文化节，来自陕西、甘肃、山东、辽宁等全国10个苹果主产省的60多个苹果品种亮相北京。昌平区还建成了全国首个"苹果主题公园"，占地面积47万米^2，分品种储备、观光采摘、专家示范、设施栽培、展览展示和良种繁育6个功能区，并设有4个广场，供游客采摘、科普、娱乐与休闲。园内将储备国内外苹果品种800余个，发挥栽培示范、果农培训、资源储备、科普宣传、市民观光等综合功能，推动苹果产业更好更快发展。这为昌平苹果会展农业的发展奠定了良好的会展场地和提供了丰富的会展内容。

总之，昌平苹果产业已经具备了会展农业发展的基本条件，可以列入继草莓产业之后的第二大会展农业产业。今后应以昌平"苹果主题公园"为基地，以昌平草莓会展场馆或北京农展馆等展览场馆为依托，加强苹果产业的育种和深加工技术开发，进一步发展昌平苹果会展农业。

3. 百合花产业进入会展农业的培育期 百合花作为昌平"一花三果"产业布局中的一枝花，是昌平区集经济效益、社会效益和生态效益"三效合一"，劳动密集、资金密集和技术密集"三密合一"的绿色朝阳产业。现有百合日光温室1 387栋，年切花产量475.94万枝，百合种球达到760万粒，有15个百合品种，年产值达到4 245万元，占全区农业产值的2.5%。区政府通过对百合日光温室建设、节水灌溉用材、卷帘机及进口百合种球等的政策性补贴，极大地推动了昌平百合花产业的发展。昌平百合花由2007年的199万元增加至2010年的2 805.75万元，年均增长速度达到295%。目前，昌平区涉花企业有507家，百合合作社有13家，并在这13家基础上成立了北京盛昌联合专业合作社，实现区镇科技服务人员和村户人力技术资源的共享，提升了农业产业运作水平，形成"企业+农民合作组织+农户"的技术合作模式。昌平区直接从事花卉生产的企业有30家，大中型企业有4家，从业人数有2 554人。2009年，花农人均增收1.5万～2.2万元。百合花产品基本可以满足当前全市百合产业的发展需求。昌平被评为全国和北京市的百合切花行业标准科研示范基地，具有鲜明的产业技术进步优势。

总之，昌平百合花产业已经具备了会展农业发展的初步条件。但会展基础设施条件不够充足，业内影响力还有待于进一步提升，区域性和全国性的百合花展庆活动还有待积极推动。昌平百合花产业可以列入会展农业的未来培育产业。今后昌平可作为花卉会展带中百合花会展产业的主要基地，与丰台区、顺义区和平谷区等的花卉产业融合，形成合力，共同打造北京的花卉产业会展带。

（二）丰台区会展农业产业发展评价

1. 籽种产业进入会展农业的成熟期　北京市已成为全国种业交易交流中心，种业年产值达61.81亿元，占全市农业总产值的20%。种业是北京建设有中国特色世界城市的重要战略性产业之一。目前全市聚集了种业研发机构80余家，专业育种人员达1 000余人，每年新育各类作物品种400个左右，国家级种质资源超过39万份，其中80%左右在丰台。如前所述，北京市在《北京种业发展规划（2010—2015）》中提出了打造"种业之都"的发展建设目标，并以发展会展农业、做大做强龙头企业为着力点，打造丰台种业展会功能区和顺义种业交易功能区；依托三级展示网络，为企业竞争、科研机构示范、农业部门推广、农民选种搭建平台；以产业优势为依托，以点带线、以线连面，分层次打造主导功能各异、特色明显的生产展示基地。丰台区籽种产业精品化程度较高，是籽种行业标准的示范中心，并建立了农作物品种试验展示四级网络，籽种会展农业发展迅速（表5-3）。同时，如第四章中案例分析中所展示的，在多年举办种交会的基础上，2014年在丰台举行的第七十五届世界种子大会将会掀起丰台会展农业的又一个高潮。当然，以往的种交会在展会内容、交易形式、种子技术和影响力等诸方面也有待于随着世界种子大会的筹办而不断扩大。

总之，丰台区籽种产业已进入会展农业的成熟期，在种子产业领域具有良好的产业引领和示范作用，今后应进一步完善丰台种子展会场馆建设，整合顺义、通州等籽种产业，巩固扩大对全国的育种技术、人才和产业的带动，打造国际化的北京种业品牌。

2. 丰台花卉产业处于会展农业的发展期　丰台区花卉种植面积3 000亩，500多个花卉品种，年产值1.5亿元，占全区农业总产值的49.4%。"十一五"期间产值增长速度为7%，是丰台农业的支柱产业。产业的组织化程度很高，成立了北京市丰台花卉协会，拥有龙头企业61家，种植专业户120户，从业人数达到1 758人，具有良好的产业带动力。丰台花卉具有良好的品牌知名度，被中国花卉协会誉为"中国花木之乡"，并且还是全国花卉生产示范基地、全国重点花卉市场。建设有"世界花卉大观园"和4个花卉市场，总面积达到41.8万米^2，为花卉会展农业的发展提供了较好的展示平台。丰台先后组织了多届北京世界花卉大观园节庆活动，参会人数高达20万人，成交额达到7.5亿元，实现了良好的经济效益（表5-3）。

总之，丰台区花卉产业尚处于发展期，今后可以以世界花卉大观园及生产示范基地为依托，借助顺义花博会场馆等资源，进一步推进其提升和发展。

3. 丰台大枣产业处于会展农业的培育期 丰台区大枣产业有123个品种，年产量200多吨，年产值1 501.5万元，占全区农业总产值的4.5%。“十一五”期间产值增长速度为5%，是丰台农业的特色产业之一。丰台区大枣产业以长辛店镇为主要产区，区内成立了长辛店镇大枣协会，有242户种枣专业户，具有一定的产业带动力。丰台大枣具有良好的品牌知名度，区内建有1 500亩的“中华名枣博览园”，先后举办了9届长辛店镇大枣文化节，每届大枣交易量达到75万千克，已成为北京大枣产业的重要交易平台。但区内大枣深加工企业缺乏，产业链条较短，目前的大枣文化节还以鲜食大枣的现货交易为主，产业生产和加工技术的辐射带动力还不强（表5-3）。

总之，丰台区大枣产业现处于会展农业的培育期，今后应以中华名枣博览园为依托，引进大枣深加工企业，拓展产业文化和产业链条，逐步培育和推进大枣会展农业的发展。

表5-3 丰台区会展农业产业发展评价表

<table>
<tr><th>一级指标</th><th>二级指标</th><th>三级指标</th><th>籽种</th><th>花卉</th><th>大枣</th></tr>
<tr><td rowspan="6">经济指标</td><td rowspan="4">产业规模</td><td>产业产值（万元）</td><td>—</td><td>14 984.6</td><td>—</td></tr>
<tr><td>产值比重（%）</td><td>—</td><td>49.4</td><td>4.95</td></tr>
<tr><td>种植面积（亩）</td><td>—</td><td>3 000</td><td>—</td></tr>
<tr><td>产量（吨）</td><td>—</td><td>—</td><td>200</td></tr>
<tr><td>产业发展</td><td>产值发展速度（%）</td><td>5</td><td>7</td><td>5</td></tr>
<tr><td>产业技术优势</td><td>产品品种数量（个）</td><td>5 000</td><td>500</td><td>123</td></tr>
<tr><td rowspan="10">软件环境</td><td rowspan="2">产业政策</td><td>产业经费投入或扶持措施</td><td>—</td><td>—</td><td>—</td></tr>
<tr><td>是否列入区县会展规划</td><td>是</td><td>是</td><td>否</td></tr>
<tr><td rowspan="4">组织化程度</td><td>行业协会数量</td><td>北京种业协会</td><td>北京市丰台区花卉协会</td><td>丰台区长辛店镇大枣协会</td></tr>
<tr><td>龙头企业数量（家）</td><td>85</td><td>61</td><td>—</td></tr>
<tr><td>专业户数量（户）</td><td>—</td><td>120</td><td>242</td></tr>
<tr><td>从业人数</td><td>—</td><td>1 758</td><td>—</td></tr>
<tr><td rowspan="4">产业影响力</td><td>国际会展届数</td><td>2014年世界种子大会</td><td>无</td><td>无</td></tr>
<tr><td>国内会展届数</td><td>北京种子大会，第十九届</td><td>无</td><td>无</td></tr>
<tr><td>节庆活动届数</td><td>—</td><td>北京世界花卉大观园节庆活动</td><td>长辛店镇大枣文化节（第九届）</td></tr>
<tr><td>品牌知名度</td><td>非常好</td><td>中国花木之乡；全国花卉生产示范基地；全国重点花卉市场</td><td>好</td></tr>
</table>

（续）

一级指标	二级指标	三级指标	籽种	花卉	大枣
软件环境	产业影响力	参展企业数	800	—	—
		参加会展和节庆人数	1 500 人/届	20 万人	—
		交易数量及额	5 000 个品种，5 亿元	7.5 亿元	75 万千克
硬件环境	会展设施条件	会展场馆数量	青龙湖国际文化会都	世界花卉大观园；4 个花卉市场	中华名枣博览园
		会展场馆展位面积（万米^2）	253.4	41.8	10
产业诊断	会展农业产业发展阶段		成熟期	发展期	培育期
	会展农业产业发展目标		国际会展	国际会展	国内会展

注：“—”为没有统计的缺失信息。

（三）顺义区会展农业产业发展评价

1. 顺义花卉产业进入会展农业的成熟期

顺义花卉有着良好的产业规模，种植面积 1.7 万亩，100 多个花卉品种，年产切花 546 万支；盆栽 5 656 万盆；观赏苗木 420 万株；草坪 255 万平方米，产值达到 3.9 亿元，占全区农业总产值的 14.5%，是顺义农业的支柱产业之一。产业的组织化程度很高，成立了北京市顺义花卉协会，拥有龙头企业 36 家，种植专业户 145 户，全区花卉从业农民达 1 000 余人，具有良好的产业带动力（表 5－4）。同时，如第四章案例分析中所述，随着中国第七届花博会在顺义区的召开，顺义花卉会展农业得到了跳跃式发展，并取得了良好的社会和经济效益，其品牌知名度已享誉国内外。

总之，顺义花卉产业已进入会展农业的成熟期。今后应进一步发挥顺义花卉产业在北京的产业引领和示范作用，充分利用花博会场馆和鲜花港，以及展示基地，整合其他区县，如昌平、丰台等花卉产业资源，优化北京的花卉会展产业链，通过生产技术、产业人才及产品的带动，进而辐射全国，打造国际化的北京花卉品牌。

2. 顺义籽种产业进入会展农业的发展期　顺义区农地少，但信息、技术资源丰富，正好具备发展种子产业的优势。借助首都的科技、人才优势，北京顺义区创造出年产值近 5 亿元的种子产业，成为领先全国的蔬菜、花卉种子基

表 5-4　顺义区会展农业产业评价

一级指标	二级指标	三级指标	花　卉	籽　种	葡　萄	樱　桃	大　桃	核　桃
经济指标	产业规模	产业产值（万元）	39 000	50 000	4 384	1 925	2 422	200
		产业产值占区县农业总产值的比重（%）	14.5	18.6	1.6	0.7	0.9	0.1
		种植面积及规模（亩）	17 000	30	8 295	5 325	9 690	495
		产量（吨）	切花 546 万支；盆栽 5 656 万盆；观赏苗木 420 万株；草坪 255 万平方米	13 万千克蔬菜种子；450 千克西瓜种子	9 370	454	9 392	54
	产业发展	“十一五”产业产值发展速度	15%	—	—	—	—	—
	产业技术进步	品种数量（个）	100	100	50	60	40	5
软件环境	产业政策	产业经费投入	—	—	—	—	—	—
		是否列入区县会展规划	是	否	否	否	否	否
	产业组织化程度	行业协会数量	—	—	—	—	—	—
		龙头企业数量	36	—	13	20	7	2
		专业户数量（户）	74	—	102	47	213	9
		从业户数（户）	145	—	485	111	476	58
	产业影响力	国际会展届数	世界花卉博览会	—	—	—	—	—
		国内会展届数	中国第七届花卉博览会，第一届	—	—	—	—	—

（续）

一级指标	二级指标	三级指标	花　卉	籽　种	葡　萄	樱　桃	大　桃	核　桃
软件环境	产业影响力	节庆活动届数	菊花展、郁金香展、蝴蝶兰展	顺义农博会	新特新葡萄采摘节	顺丽鑫樱桃观光采摘节、龙湾屯镇樱桃采摘节	—	—
		品牌知名度	较好	较好	—	—	—	—
		参展企业数	1 300	—	—	—	—	—
		参加会展和节庆人数	11 万人	—	—	—	—	—
		交易额	—	—	—	—	—	—
硬件环境	会展设施条件	会展场馆数量	花卉展览场馆、国际鲜花港、高丽营镇的“宿根花卉生产基地”、以杨镇为中心的“草花生产基地”、以三高科技园区为中心的“中高档盆花生产基地”	顺义三高农业示范区、国际种业交易中心	—	—	—	—
		会展场馆展位面积	13.821 6 万米^2	蔬菜花卉种子基地	—	—	—	—
产业诊断	会展农业产业发展阶段		成熟期	发展期	后备期	后备期	后备期	后备期
	会展农业产业发展目标		国际会展	国内会展	节庆	节庆	节庆	节庆

注：“—”为没有统计的缺失信息。

地。由于重视引进高端育种技术，发展新兴制种业，使顺义成为领先全国的种子基地。顺义特种蔬菜基地培育出伊丽莎白甜瓜、京育西瓜、无籽西瓜等上百个瓜菜新品种。2010 年，北京顺义年产蔬菜种子 13 万千克，其中 90%以上销往外地，辐射和带动了全国近 300 万亩菜地的品种供应。2010 年由北京顺鑫农业股份有限公司承担建成北京国际种业交易中心，该中心集籽种展示、交易、金融等服务于一体，一期建设总投资 2 000 万元，目前已初具规模。该项目依托北京在种业科研、产业交流等方面的优势，采取“常年展示中心＋展示示范基地＋电子商务平台”的运营模式。另外，顺义区还先后举办了新特新葡萄采摘节、顺丽鑫樱桃观光采摘节、龙湾屯镇樱桃采摘节等活动，其葡萄会展农业和樱桃会展农业对地区发展也起到了较好的拉动作用（表 5 - 4）。

总之，顺义籽种产业已进入会展农业的发展期，今后应充分利用已有的北京国际种业交易中心的会展平台，以种子产业为依托，发展籽种会展农业。

（四）怀柔区会展农业产业发展评价

1. 虹鳟产业处于会展农业的发展期　虹鳟鱼产业已经成为怀柔区的新兴朝阳产业，目前建设有标准化养鱼池 7 000 米^2、孵化室 300 米^2，有十几个虹鳟品种，年产鳟、鲑发眼卵 1 000 万粒、苗种 300 万尾，占到了全国总量的 60%以上，年产值 1.96 亿元，是怀柔区渔业的支柱产业。产业的组织化程度很高，成立了北京市怀柔区虹鳟鱼协会，拥有养殖专业户 800 多个，成为怀柔区休闲观光及民俗旅游的重要支撑产业，具有良好的产业带动力。怀柔区虹鳟鱼产业具有较高的社会知名度，被国家渔业协会评为国家级养殖基地、国家级虹鳟鱼良种场和“农业标准化生产示范基地”。区内建设有怀柔渤海镇的顺通虹鳟鱼养殖中心和虹鳟鱼一条沟，并已连续举办了 6 届国际虹鳟鱼美食节，对怀柔虹鳟鱼产业起到了良好的宣传和带动作用。虹鳟鱼产业的市场化程度高，产业发展成熟，已形成一条集养殖、研发、餐饮旅游为一体的完整产业链，每年吸引着北京及周边地区的广大游客慕名前去观光和品尝（表 5 - 5）。

总之，怀柔虹鳟鱼产业已进入会展农业的成熟期，今后应在现有养殖示范基地和展示功能区的基础上，整合周边会展场馆资源，同时深度挖掘虹鳟鱼产业文化，延伸产业深加工和拓展创意文化价值，提升虹鳟鱼会展农业的综合带动力。

2. 怀柔板栗产业处于会展农业的培育期　板栗产业是怀柔区的传统优势农业产业，目前种植面积 28.5 万亩，有 70 多个不同品种，年产板栗 14 000 吨，年产值 1.56 亿元，是怀柔区农业的支柱产业。产业的组织化程度较高，成立了北京市怀柔区九渡河镇板栗产业协会，拥有种植农户 42 000 多户，是怀柔区农民增收的重要产业来源，具有良好的产业带动力。怀柔区板栗产业具有较高的社会知名度，燕山板栗是地理标志产品，怀柔被誉为"板栗之乡"。区内建设有 1 个板栗资源圃和 3 个板栗主题公园，总面积 2 万多亩，并已经连续举办了多届怀柔金秋板栗文化节，对怀柔板栗产业起到了良好的宣传和带动作用（表 5－5）。

总之，怀柔板栗产业处于会展农业的培育期，虽具备了较好的会展农业发展的产业基础和会展场馆，但目前的板栗节庆内容和形式不够丰富，多停留在生鲜板栗促销层面，板栗深加工技术和产品展示不足，交易规模和影响力不够。今后应以燕山板栗为地理标志，整合燕山山脉板栗主产区，打造"中国燕山板栗文化节"。

3. 怀柔西洋参产业处于会展农业的培育期　怀柔是我国最早开始引种西洋参的地区，目前种植面积 8 000 亩，年产鲜西洋参 850 吨，年产值5 000 多万元，西洋参产业是怀柔区的朝阳支柱产业。产业的组织化程度较高，成立了怀柔区西洋参协会，引入北京天惠参业股份有限公司和北京天悦参业有限公司两个西洋参龙头企业，实施种子、技术、产量和最低价"四保"政策，带领 3 000 多参户、70 多种参专业户种植西洋参，已经成为怀柔区农民增收的重要农业产业来源，具有良好的产业带动力。怀柔区西洋参具有较高的社会知名度，是全国最大的西洋参种植基地和国家级西洋参标准化示范区，种植面积和加工量均占全国西洋参种植面积和加工量的 1/3以上。区内建设有养生主题公园、西洋参科普互动展览馆、西洋参产品展厅、西洋参营养保健茶艺表演厅。其中，300 米^2 的西洋参展览馆，主要介绍西洋参的药理、药效、加工引种史及模拟种植生态环境等情况，吸引了万余人参观。怀柔区已经连续举办了 4 届以西洋参养生为主题的中国汤河养生文化节，对怀柔西洋参产业起到了良好的宣传和带动作用（表 5－5）。

总之，怀柔西洋参产业尚处于会展农业的培育期，基于西洋参种植的土壤重插等技术，会影响怀柔区西洋参的产量稳定性等问题，今后应将怀柔定位为西洋参会展总部，以带动其他区县拓展西洋参种植和加工基地，进而带动全国西洋参产业的发展。

表 5-5　怀柔区会展农业产业评价

一级指标	二级指标	三级指标	虹鳟鱼	板　栗	西洋参
经济指标	产业规模	产业产值（万元）	19 600	15 589.84	4 680
		产值比重（%）	31.6	25.1	7.5
		种植面积及规模（亩）	标准化养鱼池 7 000 米^2、孵化室 300 米^2	285 000	8 000
		产量（吨）	鳟鱼、鲑鱼发眼卵 1 000 万粒、苗种 300 万尾	11 135.6	500（鲜参）
	产业技术优势	品种数量	10	70	—
		占全国比例	虹鳟鱼、鲟鱼苗种繁育量占到了全国总量的 60%以上	—	种植面积和产量占全国 1/3
软件环境	产业政策	产业扶持政策	好	好	较好
		是否列入区县会展规划	是	是	是
	组织化程度	行业协会数量	北京市怀柔区虹鳟鱼协会	北京市怀柔区九渡河镇板栗产业协会	—
		龙头企业数量	—	—	北京天惠参业股份有限公司、北京天悦参业有限公司
		专业户数量（个）	800	—	70
		从业户数（户）	—	42 000	3 000
	产业影响力	国际会展届数	无	无	无
		国内会展届数	无	无	无
		节庆活动届数	国际虹鳟鱼美食节（第六届）	怀柔金秋板栗文化节（第四届）	中国汤河养生文化节（第四届）
		品牌知名度	国家级养殖基地、国家级虹鳟鱼良种场、农业标准化生产示范基地	燕山板栗；板栗之乡	全国最大的西洋参种植基地；国家级西洋参标准化示范区
		参加会展和节庆人数	—	—	10 000
硬件环境	会展设施条件	会展场馆数量	怀柔渤海镇的顺通虹鳟鱼养殖中心、虹鳟鱼一条沟	板栗资源圃，板栗主题公园 3 个	养生主题公园、西洋参科普互动展览馆、西洋参产品展厅、西洋参营养保健茶艺表演厅
		会展场馆展位面积	—	13.34 万米^2	西洋参展览馆（300 米^2）
产业诊断		会展农业产业发展阶段	发展期	培育期	培育期
		会展农业产业发展目标	国内会展	国内会展	国内会展

注："—"为没有统计的缺失信息。

（五）平谷区会展农业产业发展评价

1. 平谷大桃产业进入会展农业的发展期　平谷是全国著名的大桃之乡，大桃种植面积22万亩，200多个品种，形成了白桃、油桃、黄桃和蟠桃4个系列，年产值9.44亿元，占全区农业总产值的55%；“十一五”期间产值增长速度为7%，是平谷农业的支柱产业。产业的组织化程度很高，成立了平谷大桃产业协会，被评为市级重点示范单位，拥有100个科技示范户和科技示范园。大桃种植专业户25 000户，具有良好的产业带动力；2010年人均大桃收入6 300元。随着平谷大桃品牌价值的不断提升，农民增收的作用更加凸显。平谷大桃知名度高，它不仅销往国内二十多个省市，而且远销东南亚、西欧十几个国家及港、澳、台地区，并荣获第二届林业名特优新产品博览会金奖、第三届农业产品博览会“名牌产品”、“99昆明世界博览会”金奖、全国果品展“中华名果”等。平谷先后组织了两届平谷大桃展销会，2010年平谷在全国农展馆举办的“进京赶大集暨平谷农副产品展览会”上，销售额达到400多万元。2011年平谷大桃又获欧盟地理标志保护、“种植桃树面积最大区县”吉尼斯世界纪录（表5-6）。如第四章案例分析所示，平谷大桃会展农业取得了较好的社会和经济效应。

总之，平谷区大桃产业已进入会展农业的发展期，但目前展会交易仍以生鲜大桃为主，大桃培育技术、产品的深加工等环节有待加强，刚刚转型的北京平谷国际桃花音乐节还有待进一步摸索、总结和提升。

2. 平谷核桃产业处于会展农业的培育期　平谷区16个乡镇均有核桃栽培，现有种植面积4.6万亩，优质核桃基地5 000多亩，20多个品种，年产2 350万千克，占全市核桃生产的80%。平谷核桃产业组织化程度很高，成立了北京仙谷桃园果品产销合作社，形成了生产、加工和运销一体的产业链条。尤其是平谷区镇罗营镇桃园村发展成为全国最大的核桃集散地，并成为占领东北市场，山西、陕西、新疆、云南等全国7个核桃主产区的最大运销商，年加工运销核桃300万千克，利润近500万元。该村160名劳动力中，超过100人从事核桃运销。村民的年人均收入也从10年前的3 000元，提高到现在的12 000元（表5-6）。

总之，平谷区核桃产业尚处于会展农业的培育期，今后应在设施和内容上进行挖掘，整合房山、门头沟的核桃产业资源，创建北京核桃品牌，发展核桃会展农业。

表 5-6 平谷会展农业产业评价

一级指标	二级指标	三级指标	大 桃	核 桃	花 卉
经济指标	产业规模	产业产值（万元）	94 400	—	747
		占区县农业总产值的比重	55%	—	0.435
		种植面积及规模（亩）	220 000	46 000	490
		产量（吨）	280 000	2 350	157 万支
	产业技术优势	产品品种数量（个）	200	20	
软件环境	产业政策	产业扶持政策	—	—	100 000
		是否列入区县会展规划	是	—	—
	组织化程度	行业协会数量	平谷大桃协会	北京仙谷桃园果品产销合作社	—
		龙头企业数量（个）	100	—	—
		专业户数量（户）	25 000	—	—
		从业户数（户）	30 000	—	—
	产业影响力	品牌知名度	中华名果；欧盟地理标志；世界吉尼斯纪录	全国最大的核桃集散地	
		参展企业数	260	—	—
		参加会展和节庆人数	67 000	—	—
		交易额（万元）	400	—	—
硬件环境	会展设施条件	会展场馆数量	—	—	—
		会展场馆展位面积	—	—	—
产业诊断	会展农业产业发展阶段		发展期	培育期	后备期
	会展农业产业发展目标		国内会展	国内会展	节庆

注：“—”为没有统计的缺失信息。

（六）密云县会展农业产业发展评价

1. 密云蜂业进入会展农业的发展期 密云县蜜蜂年饲养量达到 20 万箱，蜂蜜年产量 3 000 吨，蜂产品年产值 7 000 万元；养蜂户达到 1 700 余户，其中专业户达到 480 户；产业具有良好的产业带动力，“十一五”期间产值增长速度为 4.19%，成为密云县农民增收致富的重要产业。为了助推蜂业产业的发展，“十一五”期间累计产业扶持资金达到 995 万元，其中新增蜂群扶持资金 885 万元，养蜂合作社生产有机蜂蜜扶持资金 70 万元。密云县蜂业组织化程度很高，全县蜂业专业合作组织达到11个，有机蜂蜜生产基地3个，蜂产品深加工基地2个。其中，奥金达蜂产品专业合作社被评为“京郊先进农民专业合作社”，并被中国蜂产品协会评为“中国蜂业专业合作社示范社”，京纯养蜂专业合作社成为中国养蜂学会、北京市蜂业公司有机蜂蜜养蜂基地。密云蜂业知名度很高，密云蜂蜜是中国地理标志品牌。密云县养殖蜜蜂品种6个，生产“花彤”、“京密”牌蜂蜜，具有良好市场美誉度。这些都为密云蜂业会展农业的发展奠定了良好的基础，目前已进入了会展农业产业的发展期。同时，密云县正在组织申办第44届国际养蜂大会（表5－7）。

2. 密云葡萄产业处于会展农业的培育期　密云县葡萄种植面积达到5 000亩，年产葡萄800吨，产值1 000万元，葡萄种植户达到2 000多户。拥有北京张裕爱斐堡国际酒庄和北京金地庄园葡萄园艺场2家龙头企业。其中，北京张裕爱斐堡国际酒庄占地700余亩，建筑面积3.5万米^2，针对高端市场，以“葡萄酒文化”为主题，壮大了地方主导产业，推进了农业深加工产业结构调整，实现了工业、农业、旅游业的联动，带动了区域经济发展；北京金地庄园葡萄园艺场是一家以葡萄种植为主业，以引进新品种，推广新技术，建设精品示范园为发展方向的民营企业，是中国农学会葡萄分会的优质无公害葡萄示范基础。庄园内有世界著名葡萄（提子）品种近80个，多样化品种、奇特的外形、艳丽的色彩、绝佳的口感，已在广大消费者中树立了良好的口碑。这些都为密云葡萄会展农业的发展奠定了良好的产业基础和文化内涵。由此可见，密云葡萄产业已经具备发展会展农业的基本条件，进入了会展农业产业培育期（表5－7）。

表5－7　密云县会展农业产业评价

一级指标	二级指标	指标明细	蜜　蜂	葡　萄	草莓	樱桃	花卉
经济指标	产业规模	产业产值（万元）	7 000	1 000	1 500	1 000	1 500
		占区县农业总产值的比重（%）	4.19	0.60	0.90	0.60	0.90
		生产规模	20万箱	5 000亩	200亩	800亩	300亩
		产量	3 000吨	800吨	250吨	100吨	300万支
	产业技术优势	产品品种数量	6	8	10	4	6
软件环境	产业政策	产业扶持政策	新增蜂群扶持资金、养蜂合作社生产有机蜂蜜扶持资金	—	—	—	—
		是否列入区县会展规划	是	否	否	否	否

（续）

一级指标	二级指标	指标明细	蜜蜂	葡萄	草莓	樱桃	花卉
软件环境	组织化程度	行业协会数量（个）	蜂业专业合作组织11个、密云县太师屯镇养蜂协会、密云县蚕蜂协会	密云县巨各庄镇葡萄分会、北京密云葡萄协会	—	—	—
		龙头企业数量（个）	2	2	1	3	2
		专业户数量（户）	480	2	2	3	2
		从业户数（户）	1 700	2 000	28	240	34
	产业影响力	国际会展届数	申办第44届国际养蜂大会	—	—	—	—
		品牌知名度	中国地理标志品牌	非常好	一般	一般	一般
硬件环境	会展设施条件	会展场馆数量	有机蜂蜜生产基地3个、蜂产品深加工基地2个	北京金地庄园葡萄园	—	—	—
		会展场馆展位面积	—	213 440（$米^2$）	—	—	—
产业诊断	会展农业产业发展阶段		发展期	培育期	后备期	后备期	后备期
	会展农业产业发展目标		国际会展	全国性会展	节庆	节庆	节庆

注：“—”为没有统计的缺失信息。

（七）通州区会展农业产业发展评价

1. 通州食用菌产业进入会展农业的成熟期　通州区食用菌种植面积2万亩，16个品种，年产值5.5亿元，占全区农业总产值的23.7%，是通州农业的支柱产业之一。产业的组织化程度很高，成立了北京市通州区食用菌协会，包括加工企业、种植户共66家会员，协会重点加强全区新品种、新技术的开发和引进，服务和引导全区食用菌产业发展。全区食用菌种植农户3 000户，6个食用菌龙头企业，具有良好的产业带动力和辐射力。通州作为全国食用菌“种业之都”，在全国食用菌产业领域具有较强的引领作用，是中国食用菌产业发展的重要展示“窗口”，代表了中国食用菌从菌种培育、组织生产到精深加工的最高水平。通州区先后承办了2010年“全国第三届食用菌工厂化生产论坛”和“全国第六届菌需物资展销会”，参展企业600余家，参观人数数千人。如第四章案例分析所述，通州区以承办2012年第十八届国际食用菌大会为契机，实现了食用菌会展农业的跳跃发展，进入会展农业的成熟期（表5-8）。

表 5-8　通州会展农业产业发展评价

一级指标	二级指标	指标明细	食用菌	樱桃	大桃	西瓜	草莓	梨	葡萄	籽种	花卉
经济指标	产业生产规模	产业产值（万元）	55 000	90 000	27 000	45 000	4 224	—	12 600	960	4 200
		产值比重（%）	23.7	38.7	11.6	19.4	1.8	0.0	5.4	0.4	1.8
		种植面积及规模（亩）	20 000	20 000	15 000	15 000	3 520	5 000	12 000	4 000	2 100
		产量（吨）	60 000	3 000	45 000	75 000	5 280		18 000	1 600	420 万株
	品种优势	产品品种数量	16	35	25	12	15	17	20	85	200
软件环境	产业政策	产业扶持政策	菌棒 1 元/棒	较好	较好	较好	较好	较好	较好	较好	较好
		是否列入区县会展规划	是	是	否	否	否	否	否	否	否
	产业组织化程度	行业协会数量（个）	北京市通州区食用菌协会	通州大樱桃协会	—	—	—	—	—	—	—
		龙头企业数量（个）	6	15	7	8	5	—	12	8	10
		专业户数量（户）	6	70	18	65	20	—	50	60	25
		从业户数（户）	3 000	900	300	700	600	—	450	400	300
	产业影响力	国际会展届数	2012 年第十八届国际食用菌大会	无	无	无	无	无	无	无	无
		国内会展届数	2010 年全国第三届食用菌工厂化生产论坛；全国第六届菌需物资展销会	—	—	—	—	—	—	—	—

(续)

一级指标	二级指标	指标明细	食用菌	樱桃	大桃	西瓜	草莓	梨	葡萄	籽种	花卉
软件环境	产业影响力	节庆活动届数	—	通州樱桃文化节，2届	—	—	—	梨文化节（第五届）	张家湾葡萄节（第八届）	—	—
		品牌知名度	食用菌“种业之都”	国家地理标志保护产品	—	—	—	—	—	—	—
		参展企业数	600	—	—	—	—	—	—	—	—
		参加会展和节庆人数	1 000	—	—	—	—	—	—	—	—
硬件环境	会展设施条件	会展场馆数量及面积	一路、一场、一园、一区	樱桃示范园10个	—	—	—	无	—	—	—
产业诊断	会展农业产业发展阶段		成熟期	发展期	后备期	后备期	后备期	后备期	后备期	后备期	后备期
	会展农业产业发展目标		国际性	全国性	节庆	节庆	节庆	节庆	节庆	节庆	节庆

注：“—”为没有统计的缺失信息。

2. 通州樱桃产业处于会展农业的发展期　北京通州、顺义、海淀、昌平、门头沟是樱桃的主产区。其中，通州区樱桃种植面积最大，2万亩，35个品种，年产量3 000吨，产值9亿元，占全区农业总产值的38.7%，是通州农业的重要支柱产业。产业的组织化程度较高，成立了通州大樱桃协会，在技术服务、争创名牌、开拓市场、示范推广、整体订单和规模化经营等方面起到了良好的产业带动作用。通州区樱桃产业具有良好的品牌效应，并被评为国家地理标志保护产品，先后承办了两届“通州樱桃文化节”，对产业起到了很好的宣传和推动作用。通州樱桃产业处于会展农业的发展期，今后应加强樱桃示范园等载体建设，推进会展农业的进一步发展（表5-8）。

3. 通州大桃、西瓜和草莓等产业具有良好的发展基础　在大桃、西瓜和草莓产业方面，通州区可以分别与平谷、大兴和昌平等区县合作，增强其展示功能，以其他区县会展农业的发展进一步带动本区会展农业的发展（表5-8）。

（八）大兴区会展农业产业发展评价

1. 大兴西瓜产业进入会展农业的成熟期　大兴区西瓜种植面积10万亩，271个品种，年产西甜瓜260万吨，年产值2亿元，占全区农业总产值的7.63%，是大兴农业的支柱产业之一。产业的组织化程度很高，成立了大兴区西甜瓜产销协会，包括20个单位会员和110户西瓜专业户，其中有5家龙头企业；协会工作重点是帮助瓜农引进新品种、新项目，组织招商、项目洽谈，以及签订生产、销售合同等，大大提高了大兴西瓜产业的组织化程度和市场对接能力，发挥了良好的产业带动和辐射作用。大兴作为“中国西瓜之乡”，在全国西甜瓜产业领域具有较强的引领作用，是中国西甜瓜产业发展的重要展示“窗口”，代表了中国西甜瓜品种培育、组织生产和精深加工的最高水平。大兴区还建有目前国内外唯一的一座西瓜博物馆——中国西瓜博物馆，总占地22 000米^2，建筑面积4 600米^2。主建筑分上下两层，二楼东侧和西侧分别为1 000米^{2}的多功能厅和展览大厅，可举办各类中小型临时展览。如第四章中案例分析中所说，到目前为止，大兴区自1987年起连续举办了24届“大兴西瓜节”及“全国西甜瓜擂台赛”，西瓜会展农业得到了长足发展，已进入成熟期（表5-9）。

2. 大兴梨产业进入会展农业的发展期　大兴梨产业种植面积10万亩，其中梨示范基地的面积已达到4万亩，400多个品种，年产量130万吨，产值3.2亿元，占全区农业总产值的12.2%，占全市梨总产量的51%，是京郊面积最大、产量最高、品种最多、品质最好的梨种植基地，是大兴农业的重要支柱产业之一。产业的组织化程度较高，成立了北京市大兴区果品产销协会、庞各庄镇梨桃产销协会，起到了良好的产业带动作用。大兴区并被评为“中国的梨乡”，先后承办了15届庞各庄梨花节，第九届“全国梨王擂台赛”，对梨产业起到了较好的宣传和推动作用。大兴梨产业已进入会展农业的发展期，今后应进一步加强以梨示范基地为代表的载体建设，以“全国梨王擂台赛”为代表的平台建设，提升会展农业的发展水平（表5-9）。

3. 大兴葡萄产业处于会展农业的培育期 大兴葡萄种植面积2.3万亩，300多个品种，年产量2.5万吨，产值1亿元，占全区农业总产值的3.81%。葡萄种植专业户达4 300户，葡萄业龙头企业4家，并在北京市大兴区果品产销协会推动下，葡萄产业起到了良好的区域经济带动作用。大兴区葡萄产业具有良好的社会品牌，并被评为“中国的葡萄之乡”，享有“北京的吐鲁番”的美誉。2001年至今，大兴采育镇已经成功举办了10届葡萄文化节，共接待世界各地游人200余万人。目前，大兴葡萄产业处于会展农业的培育期，今后将以采育葡萄文化节为平台进一步提升和发展（表5-9）。

4. 大兴的大桃和甘薯都具有会展产业发展的良好基础，处于会展农业的后备期 大兴的大桃种植面积为10万亩，年产量5万吨，产值达到12亿元，是北京仅次于平谷的大桃主产区。采育镇“大观园玉桃园基地”的建成为本区大桃会展农业的发展提供了良好的平台（表5-9）。

大兴区甘薯种植面积5万亩，产量4.5万吨，年产值1亿元。成立有甘薯专业合作社，种植农户1 000多户。区内种有300多个甘薯品种，建设有“中国甘薯种植资源圃”，并在全国发挥着展览示范作用。已连续举办了4届“中国甘薯擂台赛”，其中，2011年的甘薯擂台赛，涵盖了参展企业100多家，参展品种300多个，在拉动区域经济发展的同时，也对全国甘薯产业的发展起到了较好的推动作用（表5-9）。

总之，大兴区有着良好的会展农业发展的产业基础和软、硬件环境，应予以科学规划，逐步发展，以推动本区产业的全面升级。

表 5-9　大兴会展农业产业发展评价

一级指标	二级指标	指标明细	西瓜	梨	葡萄	桃	甘薯	桑葚
经济指标	产业规模	产业产值（万元）	20 000	32 000	10 000	120 000	10 000	3 000
		产值占农业总产值的比重（%）	7.63	12.20	3.81	45.76	3.81	1.14
		种植面积及规模（亩）	10万	10万	2.3万	10万	5万	1 000株
		产量（吨）	260万	130万	2.5万	5万	4.5万	3 000
	产业技术优势	产品品种数量（个）	271	400	300	—	100	—
软件环境	产业政策	产业扶持政策	好	好	一般	一般	一般	一般
		是否列入区县会展规划	是	是	—	—	—	—
	组织化程度	行业协会数量（个）	大兴区西甜瓜产销协会	庞各庄镇梨桃产销协会、北京市大兴区果品产销协会	北京市大兴区果品产销协会	—	专业合作社	—
		龙头企业数量（个）	5	—	4	—	—	—
		从业户数（户）	—	—	4 300	—	1 000	—
	产业影响力	国际会展届数	—	—	—	—	—	—
		国内会展届数	全国西甜瓜擂台赛（第二十三届）	中国梨王擂台赛，9届	—	—	中国甘薯擂台赛（第四届）	—
		节庆活动届数	大兴西瓜节（第二十四届）	庞各庄梨花节，15届	采育葡萄文化节（第十一届）	—	—	安定桑葚文化节（第一届）
		品牌知名度	中国西瓜之乡	中国梨乡	中国葡萄之乡；北京吐鲁番	—	—	—
		参展企业数	238	—	—	—	企业100，品种300	
硬件环境	会展设施条件	会展场馆数量	1	—	—	—	—	—
		会展场馆展位面积	西瓜博物馆	—	葡萄博物馆	大观园玉桃园基地	—	千年古桑园
产业诊断	会展农业产业发展阶段		成熟期	发展期	培育期	后备期	后备期	后备期
	会展农业产业发展目标		国际会展	国际会展	国际会展	节庆	节庆	节庆

注："—"为没有统计的缺失信息。

（九）房山区会展农业产业发展评价

1. 房山区食用菌进入会展农业的培育期 截至2011年底，房山区食用菌栽培面积1 379万米^2，产量6.79万吨，产值6亿元，占全区农业总产值的31.2%，是房山区农业的重要支柱产业之一。产业的组织化程度较高，成立了北京市房山区食用菌协会，13个专业合作组织，带动全区15个乡镇、60多个村、2 000多户农民从事食用菌栽培；拥有10个食用菌龙头企业，具有良好的产业带动力和辐射力。

房山区先后承办了2010年“第四届中国国际食用菌烹饪大赛·房山杯邀请赛”和“环北京地区食用菌产业发展及产品市场研讨会”，较好地提高了房山区食用菌产业的影响力。房山区委、区政府已经将食用菌产业作为农业的主导产业之一，制定了食用菌产业发展纲要，并投入资金打造了“房山菌业”品牌，为房山区食用菌产业的发展营造了良好的政策环境，提供了良好的发展导向。伴随2012年第十八届国际食用菌大会的成功举办，北京食用菌产业发展进入了一个新的历史阶段，这也为今后房山区食用菌产业发展奠定了良好的会展平台（表5-10）。

总之，房山区食用菌产业和柿子产业都具备了良好的会展农业发展基础，但节庆、展会等对当地经济发展拉动还不足，目前尚处于会展农业的培育期，今后有待进一步提升。

2. 柿子产业处于会展农业的培育期 房山区种植磨盘柿12万亩，品种共8个，年产量5万吨，产值5 000万元，占区县农业总产值的2.6%。房山区政府将磨盘柿生产列为房山区主导产业之一，目前有种植户14 000户，并有张坊镇磨盘柿标准化基地、北京雾岚山酒业有限公司和北京得利青农业科技有限公司3个龙头企业。通过柿树补贴等产业扶持政策建成了67处规模化、标准化果品采摘园；建成了集北方柿子品种博览、网架栽培、观光采摘、休闲体验、文化展示等多位一体的“柿柿如意科技园”综合园区。房山磨盘柿中外驰名，2001年被国家林业局授予“中国磨盘柿之乡”，2001年荣获全国果品展“中华名果”称号，2002年通过安全食品认证，2003年荣获全国首届沙产业博览会“名优产品”称号，2004年参加第2届中国国际农产品交易会，被北京团组委会评为“最受消费者欢迎产品奖”。同时，注册有“御贡”和“房山磨盘柿”产地证明商标。2009年，房山区承办了第四届全国柿生产与科技进展研讨会，进一步提升了房山磨盘柿的品牌知名度和产业影响力（表5-10）。

总之，房山区柿子产业具备了良好的会展农业发展基础，但节庆、展会等对当地经济发展拉动还不足，目前尚处于会展农业的培育期，今后有待进一步发展。

表 5-10　房山区会展农业产业发展评价表

一级指标	二级指标	指标明细	食用菌	磨盘柿	核桃
经济指标	产业规模	产业产值（万元）	60 000	5 000	—
		占区县农业总产值的比重（%）	31.2	2.6	—
		种植面积及规模（亩）	206 746	120 000	3 000 亩优质核桃基地
		产量（吨）	67 900	50 000	—
	产业发展	“十一五”期间产值发展速度	—	—	—
	产业技术优势	产品品种数量	—	8	—
政策环境	产业政策	产业扶持政策	2009—2013 年，年内安排资金额度在 1 000 万元的基础上，每年按 10%的比例逐年递增	好	—
		是否列入区县会展规划	是	是	—
	组织化程度	行业协会数量（个）	—	—	—
		龙头企业数量（个）	10 个工厂化生产加工企业	张坊镇磨盘柿标准化基地、北京雾岚山酒业有限公司、北京得利青农业科技有限公司	北京金冠果业有限公司
		专业户数量（户）	—	—	—
		从业户数（户）	—	14 000	—
	产业影响力	国际会展届数	第四届中国国际食用菌烹饪大赛·房山杯邀请赛	—	—
		国内会展届数	环北京地区食用菌产业发展及产品市场研讨会	第四届全国柿生产与科技进展研讨会	—
		节庆活动届数	—	—	—
		品牌知名度	房山菌业	地理标志产品、中国磨盘柿之乡	—
		参展企业数	—	24 家企业，42 种果品和深加工产品	—
		参加会展和节庆人数	—	—	—
		交易额		—	—

（续）

一级指标	二级指标	指标明细	食用菌	磨盘柿	核桃
硬件环境	会展设施条件	会展场馆数量	“北京市食用菌主题园”，建设2家食用菌主题采摘园、6家食用菌文化驿站，1个国家级设施食用菌标准园	—	—
		会展场馆展位面积	城关、窦店、石楼3个千亩园，大石窝、琉璃河、青龙湖、长阳等5个百亩示范园	—	—
产业诊断	会展农业产业发展阶段		培育期	培育期	后备期
	会展农业产业发展目标		国际会展	国内会展	区域性

注：“—”为没有统计的缺失信息。

（十）延庆县会展农业产业发展评价

目前，延庆县葡萄产业种植面积 16 701 亩，年产量 6 800 吨，年产值 2 856.2万元；从业农户 3 174 户，种植专业户 61 户，龙头企业 2 家，具有较好的产业辐射力。延庆已经举办了 7 届国际葡萄文化节。另外，还建有张山营镇葡萄酒博物馆，该馆以葡萄酒历史与文化展示为主题，集科普教育、收藏展示等功能于一体。同时，如第四章案例分析所示，一场全球葡萄界级别最高、参会国家最广泛的盛会——第十一届世界葡萄大会将于 2014 年在延庆举办。在筹备这一大会的过程中，延庆葡萄会展农业呈现跳跃式发展，伴随着“一带、一园、一场、四中心”的葡萄产业格局的形成，伴随着“中国葡萄酒庄之都”的打造，延庆葡萄产业逐步升级，已进入会展农业的成熟期（表 5－11）。

表 5－11　延庆县会展农业产业发展评价

一级指标	二级指标	指标明细	葡　萄	板　栗	蜜　蜂
经济指标	产业规模	产业产值（万元）	2 856.2	—	—
		占区县农业总产值的比重（%）	4.29	—	—
		种植面积及规模（亩）	16 701	14 251	1.1 万箱
		产量（吨）	6 800	524.4	250
	产业技术优势	产品品种数量（个）	22	20	—

（续）

一级指标	二级指标	指标明细	葡　萄	板　栗	蜜　蜂
软件环境	产业政策	产业扶持政策	好	好	较好
		是否列入区县会展规划	建成中国葡萄酒庄之都	否	—
	组织化程度	行业协会数量（个）	2	北京市延庆县大庄科乡板栗产销协会	—
		龙头企业数量（个）	10	—	—
		专业户数量（户）	61	—	—
		从业户数（户）	3 174	—	—
	产业影响力	国际会展届数	国际葡萄文化节（第七届）、承办第十一届世界葡萄大会	—	—
		国内会展届数	—	—	—
		节庆活动届数	—	—	—
		品牌知名度	非常好	—	—
		参展企业数	—	—	—
	产业影响力	参加会展和节庆人数	—	—	—
		交易额	—	—	—
硬件环境	会展设施条件	会展场馆数量	一带、一园、一场、四中心	—	—
		会展场馆展位面积	—	—	—
产业诊断	会展农业产业发展阶段		成熟期	后备期	后备期
	会展农业产业发展目标		国际会展	区域性	区域性

注：“—”为没有统计的缺失信息。

（十一）门头沟区会展农业产业发展评价

门头沟农业产值仅有 9 623 万元，占北京市农业总产值的 0.62%，是一个农业产值较小的区县。但在京白梨、樱桃及食用菌产业方面具有一定的会展农业发展基础。

1. 门头沟京白梨产业处于会展农业的培育期　门头沟是京白梨最早的原产地，有着 400 多年种植历史，明清时期曾为宫廷供果，新中国成立后曾上过国宴。1999 年获得“昆明世界博览会”银奖，2005 年评为北京市首批推出的 9 种优质特色产品之一。目前，成立有“京白梨产业协会”，建有孟窝村、东山村两个千亩京白梨基地，种植面积 3 000 多亩，产量 10 多万千克，年产值可达 300 万元。连续举办了 14 届京白梨采摘节，每届游客达到 1 万人次。京白梨产业的展示性经济效益已初具规模，目前主要以采摘等节庆形式为主，可以作为会展农业产业进行后期的培育和发展（表 5－12）。

2. 门头沟樱桃产业处于会展农业的培育期 门头沟樱桃产业种植历史悠久，年产量 947.5 吨，产值 1 721 万元，占全区农业总产值的 17.88%，是重要的农业支柱产业之一。目前成立了门头沟樱桃协会，带动农户 150 多家。门头沟樱桃知名度较高，具有浓郁的地方特色，被评为北京市首批“唯一性特色农产品”之一，妙峰山镇还建设有大樱桃农业标准化示范区。该区举办樱桃采摘节 13 届，每届参观游览人数达到 4 万人次。由此可见，门头沟区的樱桃产业已具备良好的发展基础，进入了会展农业的培育期（表 5－12）。

3. 门头沟食用菌产业发展初具规模，处于会展农业的后备期 门头沟食用菌种植面积 1 000 多亩，年产量 947.5 吨，产值 1 294.6 万元，占全区农业总产值的 13.45%，是重要的农业支柱产业之一。目前成立了清水湾食用菌专业合作社，北京蓝波绿农科技有限公司龙头企业，采取“公司＋协会＋农户”的方式，具有良好的产业带动效果。但和通州区相比，食用菌生产规模、设施及展会场馆等条件还不够成熟，应借通州区承办第十八届国际食用菌大会的契机，加快门头沟区食用菌会展农业发展步伐（表 5－12）。

4. 门头沟核桃产业处于会展农业的后备期 门头沟核桃是北京的土特产，栽植实生核桃超过 1.6 万亩，产量 1 000 吨，并且是“纸皮”核桃的主要产地。核桃年产值达到 1 200 多万元，占当年全区农业总产值的 12.5%，是门头沟的支柱农业产业之一。区内成立了北京市门头沟区核桃协会，北京大山鑫港核桃种植专业合作社和门头沟区大山核桃种植专业合作社，带动了 268 个村庄 4 800户农民栽植核桃树。目前，门头沟区已成为我国重要的核桃出口基地之一，出口量逐年增多，最多时达到年出口 162 万千克，约占全国出口总量的 5%，品种包括“光皮核桃”、“露仁核桃”、“纸皮核桃”、“穗状核桃”、“文玩核桃”和新培育的东岭 9 号及燕家台 1 号等 20 多个品种。总体来看，门头沟区的核桃产业已进入会展农业的后备期。

表 5－12　门头沟区会展农业产业发展评价

一级指标	二级指标	三级指标	梨	樱桃	食用菌	核桃
经济指标	产业规模	产业产值（万元）	699.7	1 721	1 294.6	911.4
		产值占区县农业产值比重	7.27	17.88	13.45	12.5%
		种植面积（亩）	2 000	2 600	1 000	16 000
		产量（吨）	2 000	25	947.5	1 000
	产业技术优势	产品品种数量	20	60	—	20
软件环境	产业政策	产业经费投入或扶持措施	—	1 000元/亩（用于平整土地）	—	—
		是否列入区县会展规划	是	否	否	否
	组织化程度	行业协会数量（个）	京白梨产业协会	门头沟樱桃协会	清水湾食用菌专业合作社	北京大山鑫港核桃种植专业合作社、门头沟区大山核桃种植专业合作社、北京市门头沟区核桃协会
		龙头企业数量（个）	—	—	北京蓝波绿农科技有限公司	—
		专业户数量（户）	孟窝村、东山村两个千亩京白梨基地	—	—	—
		从业户数（户）	—	100	—	4 800
	产业影响力	国际会展届数	无	无	无	无
		国内会展届数	无	无	无	无
		节庆活动届数	京白梨采摘节（第十四届）、京白梨梨花节（第六届）	樱桃采摘节（第十三届）	无	—
		品牌知名度	京白梨，地理标志品牌	樱桃沟村大樱桃，北京市唯一性特色农产品	—	文玩核桃，地理标志品牌
		参加会展和节庆人数	采摘节2万人次	采摘节4万人次	—	—

（续）

一级指标	二级指标	三级指标	梨	樱桃	食用菌	核桃
硬件环境	会展设施条件	会展场馆数量	—	—	—	—
		会展场馆展位面积	孟窝村、东山村两个千亩京白梨基地	樱桃沟	—	—
产业诊断		会展农业产业发展阶段	培育期	培育期	后备期	后备期
		会展农业产业发展目标	国内会战	国内会展	与通州联合会展	国际会展

注：“—”为没有统计的缺失信息。

（十二）海淀区会展农业产业发展评价

海淀区农业产值仅有12 173.4万元，占北京市农业总产值的0.79%，属于农业产值较小的区。该区在樱桃、冬枣、玉巴达杏、西山苹果、小品种果品、京西稻、小杂粮、精品菜、食用菌、小牛肉等10类农业产业上形成了一定特色，但规模都较小，基本不具备会展农业产业发展的基础。今后，可以利用海淀区丰富的会展场馆资源承接各类涉农会展，从而发挥本区在会展农业中的展示功能。

（十三）朝阳区会展农业产业发展评价

朝阳区农业产值仅占全市农业总产值的1.04%，规模很小，但其以蟹岛集团为代表的会展农业却特色鲜明，并使朝阳农业由生产功能转变为综合性展示功能。随着第十三届蟹岛螃蟹节、第五届农耕节的成功举办，蟹岛集团从大田农业、畜牧养殖公司发展成为一个集生产、生活、生态、示范，文化、会议、休闲、体验、养生等多功能于一体的农业多元化产业集团。如仅第五届蟹岛螃蟹节的螃蟹现货交易额就达到6 000万元，参展人数为11万人。尤其是“北京国际啤酒节”以及国际村项目的建设和举办，将使蟹岛产业形态更具融合性和高效性。

总之，未来朝阳区的会展农业将以蟹岛集团为依托，不断完善设施和丰富内涵，同时，利用本区的场馆及区位优势，逐步提升和发展。

三、北京会展农业产业区县分布及发展进程

在对北京13个区县的会展农业产业发展水平进行评价分析的基础上，这里将之进行阶段性划分（表5－13、表5－14）。

从目前的发展来看，北京的草莓产业、籽种产业、花卉产业、食用菌产业、西瓜产业和葡萄产业已经成功完成了起步阶段的转型，进入了会展农业产业发展的成熟阶段。随着诸多国际性展会的承办，会展农业将进一步向高水平发展。

蜜蜂、苹果、虹鳟、大桃、樱桃、梨、西洋参等产业已经具备了较为成熟的会展农业产业发展的基础，具有较强的产业带动力和业内影响力，进入了会展农业产业快速发展阶段。但在场馆资源、主体培育、运行效率等方面还存在一定的不足。随着政策扶持和产业机制的完善，这些产业的会展农业将呈现加速发展之势。

大枣、板栗、甘薯、磨盘柿、核桃等产业尚处于会展农业的培育期发展阶段。目前其发展约束主要表现为会展的场馆等设施不足和产业带动及影响力较低，今后需进一步培育。

表 5-13　北京会展农业产业区县分布及发展进程表

区　县	成熟期	发展期	培育期	后备期
昌平区	草莓	苹果	花卉	樱桃
丰台区	籽种	花卉	大枣	
顺义区	花卉	籽种		葡萄、樱桃、大桃、樱桃
怀柔区		虹鳟鱼	西洋参、板栗	
平谷区		大桃	核桃	花卉
密云县		蜜蜂	葡萄	草莓、樱桃、花卉
通州区	食用菌	樱桃		大桃、西瓜、草莓、梨、葡萄、籽种、花卉
大兴区	西瓜	梨	葡萄	桃、甘薯、桑葚
房山区			磨盘柿、食用菌	核桃
延庆县	葡萄			板栗、蜜蜂
门头沟			京白梨、樱桃	食用菌、核桃

表 5-14　北京会展农业产业辐射区县布局

产　业	辐射区县					
草莓	昌平	通州				
籽种	丰台	顺义	通州	海淀		
花卉	昌平	丰台	顺义	平谷	密云	通州

（续）

产　业	辐射区县					
食用菌	通州	房山	顺义	密云		
西瓜	大兴	通州	顺义			
葡萄	延庆	顺义	密云	通州	大兴	
蜜蜂	密云					
苹果	昌平	门头沟昌平	门头沟	延庆	密云	平谷
虹鳟	怀柔	延庆				
大桃	平谷	顺义	通州	大兴		
樱桃	通州	门头沟	昌平	顺义	密云	
梨	大兴	门头沟	房山	顺义	通州	
西洋参	怀柔					
大枣	丰台	怀柔				
板栗	怀柔	延庆				
甘薯	大兴	延庆	密云			
磨盘柿	房山	昌平	平谷			
核桃	平谷	房山	门头沟			

第六章　国外世界城市发展会展农业的成功经验

本书在开篇即提出，北京发展会展农业是“打造会展之都，建设世界城市的需要”，并抛砖引玉地列举在如美国纽约、法国巴黎、英国伦敦、日本东京等国际著名会展之都，会展农业作为都市型现代农业的高端形态，在这些世界城市中的发展日趋成熟。本章将详细介绍国外世界城市发展会展农业的成功经验，为北京会展农业的发展挖掘“他山之石”。

一、政府部门重视扶持

在市场经济成熟的国外世界城市中，会展农业的快速发展得益于政府的高度重视和大力扶持。这主要体现在以下几方面。

（一）对展馆等基础设施建设予以投资和支持

如在美国纽约和其他城市，展馆一般由各州、市的政府机构——展览旅游局进行投资建设。日本规模最大、技术最先进的展览中心——东京国际展览中心由东京市政府投资修建。德国柏林等城市的展馆建设均由政府投资，是一种典型的国有企业，德国现有大型展览中心 23 个，其中超过 10 万米^2 的就有 8 个，展览场馆总面积达 240 万米^{2}①。

（二）对展览公司和参展企业予以补贴和资助

如每年大约要举办 15 次大型国际博览会的德国法兰克福市的法兰克福展览公司，不仅是德国最大的展览公司之一，而且是由市政府占 60%股份的一家公有公司。但政府不对该公司收取任何费用，只从其不断增加的税收中得到回报，公司盈利全部用于再投资。在政府的大力支持下，少数大型展览公司不断壮大，在行业中起到了引领和支柱作用。此外，为鼓励企业参加国际会展，

① 过聚荣．会展概论［M］．北京：高等教育出版社，2010.

促进外贸出口，国外发达国家或地区的政府每年在国家的财政预算中划出一部分，向参展企业提供资金支持。如英国政府对参展企业实现有针对性的费用补贴措施等。另据统计，在德国政府支持下，每年企业赴国外参加展会达 200 个左右，参展企业多达 5 000 多家①。

（三）制定相关政策法规，提供配套服务

如美国纽约等城市，在发展会展农业的进程中，除编制产业规划、开展行业统计、制定政策法规和提供配套服务外，对于某些特定的项目，尤其是涉及对外贸易时，美国政府还会提供全方位的支持和服务以帮助展会顺利举办。此外，美国商务部还要求展会组织者专门为展览会出版《出口意向商品目录》，详细刊登美国参展企业名录、意向出口商品目录和意向出口地区目录等方面的信息。

二、行业组织协调自律

在会展农业发展较为成熟的世界城市，其国家都有统一的会展行业协会，以实现对本行业的协调和自律。总体来看，国外的行业组织主要分为两种类型：

（一）由政府部门设立权威的行业管理机构

此类行业管理机构由政府部门设立或者是在政府支持下成立，主要负责对国家的会展事务进行专业化指导和统一管理，如法国的 CFME - ACTIM（法国海外展览委员会技术、工业和经济合作署）、德国的 AUMA（德国经济展览和博览会委员会）、意大利的 ICE（意大利对外贸易协会）、西班牙的 ICEX（西班牙外贸协会）和日本的 JETERO（日本贸易振兴会）等。

以 AUMA 为例，作为德国的国家级会展管理机构，其主要职能表现为：一是维护德国展览业在国际、国内的共同利益，负责与议会、政府各部门和其他行业组织进行沟通；二是协调所有在德国举办的展览及德国在国外组织的展览活动，并对展会进行调查和评估，以及出版和发布展览指南，为企业提供与展览有关的咨询服务、培训，为政府赞助本国企业出国参展提供建议和参考等；三是制定全国性的会展管理法规和相关政策，支配使用政府的会展预算，改善展览市场透明度，平衡参展商、参观者和展会组织者的不同利益；四是组织国家级展览，代表政

① 施昌奎．会展经济运营管理模式研究——以“新国展”为例［M］．北京：中国社会科学出版社，2008.

府出席国际展览界的各种活动，对外宣传德国展览市场，吸引外国企业来德参展及来德举办展览会；同时，与经济部、农林部等相关政府部门协调，制定国家展览计划，积极支持会员开展国外展览业务；如AUMA每年制订官方参展计划AMP（Ausl and smesse programm），对国外参展工作给予指导。

（二）由相关企业自发而形成的民间性行业协会

此类行业协会以自发性、自愿性和民间性为主要特点，其主要职能是，在会展企业参与市场竞争过程中，当遇到同行业内部恶性价格竞争或低品质等问题时，出于维护自身利益和市场秩序的需要，尝试用行业自律的方式来规范市场行业秩序。典型的如美国会展产业的各个子领域都有全国性的行业协会，如展览行业的国际展览管理协会（简称IAEM），会议行业的专业会议管理协会（简称PCMA）和国际会议专家协会（简称MPI），以及代表所有参展商利益的贸易参展商协会（简称TSEC）（见附件1）。由于这些行业协会的规模和行业影响力较大，尽管其不具有行政管理和执法的权力，但对会员企业甚至行业内非会员企业通常具有很强的约束力和指导性，在业内都有足够的权威。

以国际展览管理协会（简称IAEM）为例，该协会以维护行业合法权益、协调美国会展会员之间关系，为会员提供服务、维护会展市场公平竞争，沟通会员与政府之间关系、促进会展行业的经济发展为宗旨，制定组展、办展的整体规划，参与制定各类会展的标准，进行行业内部协调，对会展行业内的重大项目进行前期认证等。

三、“四化”态势趋向明朗

（一）经营市场化

从国外世界城市举办的知名农业展览会或博览会的情况来看，政府的介入逐渐减弱，市场的作用逐渐增强。办展方由过去政府举办，更多地转向现在由一些专门从事办展服务的展览公司或行业协会来承担，经营市场化趋势明显。如在法国巴黎举行的每两年一届的国际农牧业技术及设备展（简称SIMA），由法国第一大和世界十大展览集团之一的法国爱博展览集团（Groupe Exposium）主办，从会展策划、会展营销、会展服务到会展管理等各环节，形成了一套成熟的市场化的经营模式。以会展服务为例，主办方以服务客户为理念，提供“一站式”和“全方位”服务，涵括银行、邮局、海关、航空、翻译、日用品、商店、餐馆，以及提供展会相关的数据及各项信息资料的配套服务等。高效的经营模式让知名的 SIMA 更具展会魅力。据 2009 年的统计数据表明，该展会共有参展商 1 323 家，其中新展商 258 家，占 19.5%；共有 1 446 个业界品牌参展，专业参观人次达 208 550 人，来自 104 个不同国家和地区；2009 年的展会上，95%的观众有意于 2011 年再次参观展会①。

（二）运营特色化

从展览场馆的运营模式来看，欧洲和美国依据各自不同的风格和特点，形成了德国式（或称欧洲式）与美国式两种模式。其中，德国式是指展览场地和展览设施者可以同时是展览会的主办者和组织者，他们曾在很长一段历史潮流时期内成为办展主体。同时，展览市场上，还有为数不少的专业商协会组织和专业展览组织者，他们可以向展览场地所有者租用展览场地；美国式是指展览场地的所有者与展览会的组织者截然分开，展览馆出租展览场地和设施，没有自己的展览项目，而展览会组织者一般没有自己的展览馆，办展时需要从展览场地的所有者那里租用展览馆和设施。此外，欧洲的展览馆或会展中心一般都由专门的博览局来管理和经营，它们除自己举办展览会，及向一些专业协会组织或私有展览公司出租展馆外，有的还拥有自己的专业展览服务部门，可以向其他展览会组织者和参展企业提供相关展览服务，如道具租赁和展馆施工等，这与美国的做法也有很大的不同。而且，这些机构一般全部或部分地由政府控制。因此欧洲展览业在经济生活中的影响力以及政府对展览业的支持力度常常超过美国。

（三）展会品牌化

品牌展会是指具有一定规模，能代表和反映整个行业的前沿动态和发展趋势，对该行业具有较强指导性和影响力的权威展览会。在众多世界城市国际会展业发展之初，往往在同一个经济领域内有许多展会并存，但经过多年、多阶段市场优胜劣汰和自然选择后，某一领域内的“品牌展会”便会力战群雄，脱颖而出，最终确立自己的优势地位。综合而言，品牌展会的作用集中表现为以下几方面：第一，品牌展会具有较高的知名度和影响力，能充分发挥行业引领作用。如美国加州国际农业博览会、法国巴黎国际农业展览会（简称 SIA）、德国柏林“国际绿色周”农业博览会、荷兰国际花卉园艺博览会等知名的农业品牌展会在国际上都具很高的认可度和巨大的影响力，引领着涉农展会的发展

---

① SIMA-法国国际农牧业设备及技术展览会 . http：//mt. aweb. com. cn/.

方向（见附表4）。第二，品牌企业和名牌产品参展，能充分发挥优质集成作用。如英国皇家国际农业博览会由英国皇家农业协会于1839年创办，英国女王是该主办单位的赞助人，皇家国际农业展是英国皇家展览的重要组成部分，是世界上公认的最大室外农业博览会。该农业博览会的参展对象集成了众多"精华产品"和"精华企业"，包括农产品、农业设备，以及提供农业服务的农业企业等。2009年参展企业超过1 600家，参观人数超过15.9万人，并有60余个国际农业代表团参会，另有超过800家的国内外的媒体参加该展会[①]。第三，品牌展会具有较强的权威性、前瞻性和预见性，能充分发挥农业导航作用。如SIMA，其64％的观众是领先的采购商，包括农业经营商、养殖户、果蔬生产商和经销商，其中91％为企业负责人，36％的观众是经销商、进口商、制造商，以及信息咨询机构或专业组织；观众中，法国各地和农区负责人的比例从2007年的18％增长到2009年的24％[②]；此外，SIMA展组织的"农口经理游"活动还聚集了众多世界最大农庄的负责人。如此云集全球农业和畜牧业产业链上各环节"首脑"的盛会，其权威性和前瞻性不言而喻。

（四）营销国际化

随着经济全球化和贸易国际化的发展，会展农业的国际化水平不断提升。世界城市各举办会展的机构，除充分发挥地缘、场所优势，不断拓展、扩大本地会展的时空和规模外，还积极通过国际招商，吸引更多有实力举办国际性会展的外国机构到本国本地区展示现代科技成果；同时注重国际合作交流，采取在国外主办会展、派驻人员协办会展，或被聘指导会展等多种形式参与国外会展行业的竞争，营销国际化趋势明显。以2010年为例，德国组织了近150个国际展会，外国参展商为82 735家[③]，占半数以上。同时，德国在国外建立了400多个办事处，仅杜塞尔多夫一家会展公司，就在国外设立了66个办事机构，业务扩展到108个国家和地区，并在中国上海和广州等大城市设立了长期办事机构。此外，法国的国际专业展促进会，在世界上近50个国家和地区建立了办事处，为65个展会开展形式多样的促进服务，对促进国外人士到法国参观交流起了很大的作用。又如SIMA，50％的参展商为国际展商，来自38个国家和地区；25％的国际观众，来自104个国家和地区。

---

① 英国皇家国际农业博览会．http：//mt. aweb. com. cn/.

② SIMA-法国国际农牧业设备及技术展览会．http：//mt. aweb. com. cn/.

③ 根据《Euro Fair Statistics 2010》计算整理。

四、城市与农业相得益彰

随着纽约、巴黎、伦敦、柏林和东京等世界城市文明程度的不断提高，大量资本资源、科技成果和现代化设备等应用于农业生产，农业构成了这些世界城市的食品供给系统、生态系统和社会系统，城市建设和农业发展相得益彰，互为动力，共同发展。作为都市型现代农业实践形式和高端形态的会展农业，在世界城市的发展中，显现出如下几大特点。

（一）发挥城市农产品供给保障作用

世界城市一般规模较大、人口多，所需农产品不可能全部自给。而另一方面，世界城市的生活水准比较高，其消费者不仅需要耐贮运的大宗农产品，更偏好如鲜牛奶、鲜鱼、蔬菜、水果等生鲜农产品，以及当地历史传承下来的名优特农产品。因此在世界城市之中，会展农业发挥城市农产品供给的保障作用也不言而喻。如美国纽约的农业园总是尽最大努力为市民生产和提供安全、新鲜、高品质，甚至低于市场售价的农产品。英国伦敦有 1 200 处社区公园，655 个城市农场，大约 70 家学校农场及 30 万个划拨地块等，每年能为城区提供 40%的安全农产品。法国巴黎在 7 万个农场中，有 11%的农场从事园艺蔬菜生产，6%的农场从事畜牧业生产，且以奶业为主①。日本东京则在城市零散的耕地上生产新鲜的蔬菜、鲜花以及鲜奶、鲜鸡蛋和鲜肉等。

（二）建立对外展示和交流的“橱窗”

国际上知名的世界城市，其所在国的农业都比较发达，并各具特色和独特的经验。为此，各世界城市为展示本国的农业成就和推介他国农业成果，传播农耕文化与文明，促进本国与国际间的相互学习和交流，都竞相举办多种农业展会（表 6-1），逐渐成为本国农业对外交流与展示的“橱窗”。以法国巴黎国际农业展览会（简称 SIA）为例，该展览会每年 3 月在巴黎举行，素有“巴黎最大的农场”之称，其主旨是“诠释世界与法国的农业历史、现代发展和未来走向”，通过多种形式的农业技术展示、农产品宣传、农事教育和农产品质量评比，让参观者感受法国现代化的都市农业，展望法国乃至世界农业的发展前沿及趋势。每届 SIA 均可实现近 5 000 万欧元的门票收入，因此又被称为法国城市发展的助推器。

---

① 张一帆等．走向世界城市农业当伴行［M］．北京：中国农业科学技术出版社，2010.

表 6-1　国外知名农业展会一览表

	会展名称	英文名称	国　家	城市及地点	创办时间（年）	举办时间	主办方
欧　洲	法国国际农牧业设备及技术展览会	SIMA	法国	巴黎北维勒班展览中心	1921	每两年一次	法国爱博西码（Exposima）公司
	法国巴黎国际农业展览会	SIA	法国	巴黎凡尔赛门展览馆	1964	每年一次	
	法国国际畜牧业展览会	SPACE	法国	雷恩展览中心	1987	每年一次	
	英国皇家国际农业展览会	The Royal Show	英国	考文垂市国家农业中心	1839		英国皇家农业协会
	德国柏林国际绿色周农业展览会	IGW	德国	柏林国际展览中心	1926	每年一次	
	德国柏林国际水果蔬菜展览会	Fruit Logistica	德国	柏林国际展览中心	1992	每年一次	柏林国际展览公司
	比利时利帕蒙国际农业展览会	LAS	比利时	利帕蒙	1926	每年一次	
	意大利维罗纳国际农业展览会	FIERAGRICOLA	意大利	维罗纳	1898	两年一次	Veronafiere 维罗纳展览公司
	意大利博洛尼亚国际农机展览会	EIMA	意大利	博洛尼亚	1933	每两年一次	意大利农机制造商协会
	西班牙国际农业展览会	EXPO AGRO-ALMERIA	西班牙	阿尔梅里亚	1988	每年一次	西班牙阿尔梅里亚商会、西班牙安达卢西亚农业和渔业发展局
	荷兰国际花卉园艺展览会	Horti fair	荷兰	阿姆斯特丹	1962	每年一次	荷兰阿姆斯特丹 RAI 国际会展中心
	波兰国际农业展	Polagra-Farm	波兰	波兹南	2001	每年一次	波兰农业部
	俄罗斯国际农业展览会	AFROPRODMASH	俄罗斯	莫斯科	1996	每年一次	俄罗斯农业部
	乌克兰国际农业展览会	ATPO	乌克兰	基辅国际展览中心		每年一届	乌克兰农业部、工业部、农业科技研究院、国家展览中心和德国 AGRO 展览公司共同举办

（续）

	会展名称	英文名称	国家	城市及地点	创办时间（年）	举办时间	主办方
美洲	美国世界农业博览会	WORLD AG EXPO	美国	美国加利福尼亚州·图拉尔	1968	每年一次	美国农业协会主办
	巴西国际农业科技展	Agrisho Ribeiro Preto	巴西	圣保罗	1994	每年一次	巴西机械制造商协会
大洋洲	澳大利亚国际农业展览会	ANFD	澳大利亚	新南威尔士	1952	每年一次	Rural Press Events
亚洲	亚洲地区：中东农业、畜牧、渔业及园艺展览会	AGRAME	阿联酋	迪拜国际展览中心	2000	每年一次	阿联酋迪拜展览中心
	以色列国际农业展览会	AGRITECH	以色列	以色列特拉维夫展览中心	1991	每两年一次	Agritech 协会、Kenes International、以色列工业贸易部、劳工部和外交部
	印度国际农业展览会	KISN	印度	孟买-浦那	1991	每年一次	印度 KISAN 展览集团公司
	亚洲国际水果蔬菜展览会	Asia Fruit Logistica	不定（最近一届香港）	亚洲国际博览馆	2007	每年一次	德国柏林展览公司
非洲	非洲及中东地区国际农业展览会	SAHARAEXPO	埃及	开罗	1990	每年一次	埃及及 EXPO 公司
	南非国际农业展览会	IAFSA	南非	Nampo Park，Bothaville	1967	每年一次	南非 Nampo Park，Bothaville
	赞比亚国际农业和商业展览会	ZACS	赞比亚	卢萨卡国际展览中心	1919	每年一次	赞比亚农工商协会

资料来源：根据相关资料整理。

（三）实现产业升级、融合与联动

一方面，世界城市中的会展农业以高科技农业园和农业教育园等形式，积极为城市居民和农户进行农业知识教育服务。如美国、英国、法国和日本等发达国家十分重视对农民的农业科学普及和教育，凡农业就业人员都必须接受相关职业技术教育，并取得就业资格证书。法国巴黎设有城郊教育农业，并纳入农业职业教育培训体系。美国纽约建有“农业校园”，校园内有可移动的种植和养殖共同发展的循环系统，使得校园成为一个开放的环境和农业研究中心。日本东京有13所学校农园，成为城市学生接受农户指导、体验农事活动的场所。

另一方面，借助高度现代化和城市文明的优势，促进观光农业、休闲农业和体验农业等多业态融合，进而实现产业升级与联动。如英国伦敦的“环城绿带”、法国巴黎的“城里人的桃花源”、美国纽约的“楼顶农业”和日本东京的“绿色楼顶”等，都是各世界城市中极富创意的农业景观，成为市民和游客体验都市农业和旅游观光的聚焦点。

（四）制定相关政策法规保护都市农业

在世界城市的发展进展中，针对工业发展和城市扩张对土地需求巨大、耕地易被占用等现象，各城市纷纷制定相关政策和法规，以保留相对广阔的农业空间，注重城市生态涵养和可持续发展，保护都市农业。如英国伦敦在1938年即制定环城绿带法，提出“环城绿带”的概念，并于20世纪50年代由内阁同意后实施。其目的是：防止邻近城镇的合并；促进农村保护，避免被侵占；通过鼓励废弃地和其他城市土地的循环，促使城市更新。法国巴黎市政府将土地分为城市经济发展用地、农业经济发展用地和自然保护区三种类型，利用大片农业用地将中心城市相互分隔，将农田、河谷、森林和公园等绿色空间连贯形成整个地区的绿色脉络。日本东京在1998年的市议会上通过《日野市农业基本条例》，规定了9条振兴城市农业的方针政策，即：实现农业经营现代化、发展有利于保护环境的农业、发展能够发挥地区特点的农业、促进与消费者相结合的农业生产与流通、继续保持农用水渠、确保和培育农业接班人、加强农民与城市居民的交流、保护农田、防止灾害。

北京与主要世界城市会展业比较见表6-2。

表 6-2　北京与主要世界城市会展业比较一览表

	巴　黎	伦　敦	纽　约	柏　林	北　京
概　况	世界第一大国际会议中心，有“国际会议之都”美誉。每年承办 300 多个大型国际会议展览，每年营业额达 85 亿法郎，展商的交易额高达 1 500 亿法郎，展商和参观者的间接消费约 250 亿法郎	会展产业的发祥地。万国博览会经久不衰。依托良好的产业成熟度和交通条件，英国每年超过 30%的展览会在伦敦举办，每年直接和间接会展收入近 30 亿英镑，创造就业机会 6 万个	依托美国强大的经济和科技地位，每年赢得利润达 4 亿多美元，创造就业机会达 9 万多个，为美国经济持续增长提供强大支持	拥有欧洲最大的会议中心——柏林国际会议中心。主要的大型国际展览有国际绿色周农业展览会、国际水果蔬菜展览会、国际旅游博览会和国际广播博览会等	中国会展中心城市之一，入选国际大会及会议协会公布的国际会议目的地城市前 10 名，并有 21 个大型国际展览通过国际展览联盟认证，会展业收入达 172.5 亿元。2012 年第七届世界草莓大会、第十八届国际食用菌大会，以及 2014 年第七 十三届世界种子大会等先后落户北京
模　式	展览场地公司拥有场馆，只提供专业的场馆服务；展览公司通过具体经营来组织和举办展会	展览场地公司和展览组织及配套服务公司各司其职，均有各自严密的行规，分别由各自的协会来组织制定	展览馆出租展览场地和设施，没有自己的展览项目，而展览会组织者一般没有自己的展览馆，办展时需要从展览场地的所有者那里租用展览馆和相关设施	展览公司拥有场馆，在政府大量投资市政建设基础上组织、举办、经营各类会展	场馆建设主要采用 BT（Build - Transfer）“建设、移交”模式（由企业融资建设场馆，建成后移交政府经营使用）或政府投资；展会主要由政府及相关部门或行业组织等主办和承办
特　点	主办机构专业化；展览公司集团化；展会规模大型化；展会更加国际化；展会质量高端化、品牌化	成为各产业发展的助推器；专业化、品牌化和国际化程度高；会展成本较高；	依靠美国强大的世界领先经济与科技实力；依靠纽约百老汇商业区悠久的商业氛围和成熟的产业集群；依靠庞大的国内市场	有全国性的行业协会；博览会拥有长期的计划；非常注重宣传；展览场地设施先进；会议、研究会和展览相辅相成；展会工作人员专业素质高；具有国际领先的服务水平	蓬勃发展，向全球国际会议十强举办地迈进；逐步显现规模化、品牌化、国际化和市场化趋势；有赖于政府的主导和大力扶持

（续）

	巴　黎	伦　敦	纽　约	柏　林	北　京
城市地位	法国首都；法国和欧洲金融中心；欧洲文艺复兴的摇篮；人均GDP4.27万美元	英国首都；国际金融中心；国际文化和艺术中心；人均GDP4.62万美元	联合国总部所在地；国际金融中心；国际文化和艺术中心；人均GDP5.28万美元	德国首都；德国经济中心城市；欧洲文化中心；人均GDP2.13万美元	中国首都；以国际金融中心、国际文化和艺术中心为城市发展目标之一；人均GDP1.08万美元
政府管理机构	法国海外展览委员会技术、工业和经济合作署统一管理；伦敦开发署与伦敦旅游者委员会、会展事务处和商业旅游经营者共同合作制定了城市行动计划，推进会展业发展	成立伦敦会议局，为会展业提供咨询和服务；加大基础设施投资；政府对参展企业实行有针对性的费用补贴措施	由政府编制产业规划、开展行业统计、制定政策法规、提供配套服务；美国商务部要求展会组织者专门为展览会出版《出口意向商品目录》，详细刊登美国参展企业名录、意向出口商品目录和意向出口地区目录等信息	成立德国展览业委员会，负责展览管理法规和政策，安排预算，代表政府出席国际展览界的各种活动以及规划、投资和管理展览基础设施等	行政主管机构不明确，且偏重于微观管理，政策支持力度有待大力加强
行业协会	法国国际专业展促进会：在近60个国家和地区开展形式各样的促进活动	英国议会和活动协会、英国展览组织协会、英国展览服务商协会、展览场地协会等	各个子领域都有全国性的行业协会；有很强的约束力和指导性，在业内都有足够的权威	德国经济展览和博览会委员会：与议会、政府和其他行业组织进行沟通，协调展览活动，对展会进行调查和评估，制定会展管理法规及政策	亟待建立和完善
大型跨国展览公司	法国爱博展览集团、法国欧西玛特有限公司等	励展博览集团、ITE集团、欧洲博闻、蒙哥马利展览公司等	美国的克劳斯会展公司、美国IDG等	法兰克福展览有限公司、德意志展览会、科隆国际展览有限公司等	中国国际展览中心集团等，亟待建立、培育和发展

资料来源：根据相关资料整理。

第七章　北京会展农业发展的布局规划

一、指导思想

以科学发展观为指导，紧紧围绕建设“中国特色世界城市”和实施“人文北京、科技北京、绿色北京”战略，遵循《北京市国民经济和社会发展第十二个五年规划纲要》、《北京市城市总体规划（2004—2020 年）》、《北京市十一个新城区规划（2005—2020 年）》和《北京市“十二五”时期会展业发展规划》以及首都城市的“四区功能定位”和都市型现代农业的“五圈布局”，坚持政府推动、市场主导，本着“稳步推进、规范发展、部门合力、产业融合”的思路，不断创新农业运行机制，加快转变农业发展方式，充分整合各类会展资源，大力提升会展农业规模，努力把会展农业打造成为北京都市型现代农业的主导产业。

二、基本原则

（一）高端原则

按照高端、高效、高辐射的要求，合理布局和规划，推动会展农业高层次、高质量和高价值发展，以充分发挥其资源整合、经济辐射、产业联动和就业带动等方面的促进作用，促使传统农业向现代农业优化升级，实现经济、社会和生态效应有机融合。

（二）融合原则

科学谋划会展农业产业布局，通过布局调整促进会展农业要素跨城乡、跨区域流动及资源合理配置使用，积极推动城乡、区域经济互动，充分融合籽种农业、休闲农业、循环农业、设施农业和沟域经济等多种农业形态，有效推动会展农业与旅游业、餐饮业和加工业等相互融合，大力拓展农业的生产、观赏、休闲和展示等多种功能。

（三）开放原则

着眼于世界农业未来发展趋势，实现会展农业的资源开放和市场开放，在积极培育和发展具有本地域优势的特色主导会展农业的同时，广泛吸引国内外高端涉农会展入驻北京，借鉴国际经验，创新发展模式，加快北京会展农业的国际化发展。

（四）惠民原则

在布局规划中，将农业生产、农业经营与乡村旅游等统筹考虑，改善和提升周边环境，带动农村运输、餐饮、住宿、商业发展，满足人们休闲旅游需求，增加农民收入，提升城乡居民幸福指数，提高会展农业水平。

（五）可持续原则

会展农业产业的规模结构和布局，要充分依据城市发展总体规划、产业发展规划和土地利用规划，落实严格的耕地保护制度，坚持依法、科学布局。要按照科学发展观的要求，大力发展资源节约型和环境友好型的循环经济，在深度开发会展农业综合功能的同时，切实做好会展农业资源尤其是会展场馆设施的可持续利用，实现会展农业的良性发展。

三、总体思路

通过“十二五”期间的努力，将北京建设成为具有国际影响力的“会展农业高地”，指引北京都市型现代农业发展方向，转变北京农业发展方式，提升北京农业科技自主创新能力，促进国际农业高端技术合作交流，提高北京农业综合效益，带动农民增收致富，推动都市型现代农业与会展业的有机融合，总体实现北京会展农业的高端化、规模化、品牌化和国际化。

四、发展布局

在上述指导思想、基本原则和总体思路的基础上，依据会展农业的内涵及相关理论，根据北京现有会展农业资源和区县会展农业产业发展评价的实际情况，借鉴国外世界城市会展农业发展的先进经验，按照全市“一平台、一嘉年华、四主体、六支柱、十二培育带”的纵向布局和区县的“板块、节庆、展示产业带”的横向布局予以规划。

（一）北京市“一平台、一嘉年华、四主体、六支柱、十二培育带”的纵向布局

结合北京都市型现代农业产业发展布局和前述对北京会展农业产业发展的阶段评价，以产业集聚和业态创新发展为目标，打造北京“一平台、一嘉年华、四主体、六支柱、十二培育带”的纵深会展农业发展布局。

1. 一平台——会展农业政策支撑平台 会展农业政策支撑平台主要以培育、发展和推进会展农业为目标，实现首都会展农业所需的人、财、物的协调和集聚，为打造“会展农业高地”提供政策支持。其内容主要包括：建立北京会展农业专门组织领导机构；制定北京会展农业发展规划；筹建会展农业发展专项财政资金；制定会展农业展示基地、设施场馆建设及土地使用等政策；组建会展农业产业专业人才培训体系等。

2. 一嘉年华——北京会展农业国际嘉年华活动周

（1）活动内涵。指以北京都市型农业为基础，由政府搭建平台，在嘉年华周内集中展示北京都市型现代农业成果，并宣传世界各地名、特、优农产品，同时结合一些传统农业节庆和习俗，通过多种文化娱乐形式，力求打造一个突出农业主题，实现农业的展、娱、演、商、学、研全方位扩展，体现农业的生产、生态、休闲、教育、示范等多功能于一体，每年定期举办的活动形式。

（2）活动内容。活动内容主要包括展、娱、商、演、学、研 6 个部分。

“展”，指的是展览与展示，即通过“精品展示馆”、“美丽休闲乡村”等形式，设置都市型农业成果展、农业科普展、民俗文化展、世界各地名、特、优农产品展等。在活动期间，全方位地展示最新农业成果、特色农产品和民俗风情，同时向消费者普及如农业种植、生产科普知识等。

“娱”，即娱乐活动，可通过“美食坊”、“购物街”、“娱乐园”、“动感区”等形式，突出嘉年华活动的娱乐性，展现农业的生活功能。

“演”，即民俗文化表演。如开设一些手工现场表演、历代服饰表演、京剧和活体雕塑等多种民间民俗表演项目，并可将一些音乐颁奖盛典与会展农业嘉年华活动周相融合。

“商”，即商贸洽谈。即在嘉年华周期间，由市政府或行业协会组织举办如农产品“农超对接”或小额投资洽谈会、特色农产品推荐会等，同时开展一些招商引资活动。

“学”，即在嘉年华活动周期间提供市民学习和体验的机会，请园艺专家或

动物营养专家、健康养生专家开设系列讲座，普及养花、草、鱼、宠物及食物健康等相关知识。同时，在园区内增设如糕点制作、饮料配制等体验专区，增强农业的趣味性和参与性，拉近市民与农业的距离。

“研”，即利用嘉年华活动周的影响力，同期召开有关会展农业、都市农业的国内或国际研讨会，达到以会议促活动，以活动提升会议影响力的目的。

（3）活动选址及运行机制。

①活动选址：综合考虑活动举办地的交通、区位及基础设施情况，并充分利用近年来京郊区县承办如世界草莓大会等国际性展会而兴建的场馆，以空间优势和设施优势扩展规模，提升层次和水平。

②运行机制：在活动举办之初，可采取由北京市政府及市农业委员会牵头，并成立农业嘉年华活动组委会进行活动的筹备、招商及引资工作，项目资金主要来源于政府部门专项资金。在嘉年华活动运行几年后，逐步转变运行机制，由政府主导逐渐过渡为市场主导，通过与国内外大型展览公司合作的方式，让政府部门逐步退出该活动的微观运营，而着力于对会展主体及市场的培育和规范。

3. 四主体——政府、协会、企业和农户　如第二章中对会展农业的构成要素所界定的，其主体主要包括政府、行业协会、办展和参展企业、生产龙头企业、农户。这五类主体是会展农业健康持续发展的组织、管理和运营保证。在会展农业发展的培育期，将由政府起主导作用，在会展农业进入发展阶段特别是成熟阶段后，将逐步转向由行业协会等中间组织主导，带动企业和农户积极参与，政府的功能则将转变成服务和引导，从而最终将会展农业推向市场化运作的方向。

4. 六支柱——六大会展农业产业　北京会展农业在“十一五”期间得到了蓬勃发展，目前已形成草莓、籽种、食用菌、花卉、西瓜和葡萄六大支柱会展农业，已进入会展农业的成熟阶段，并将成为北京“十二五”期间会展农业发展的重点（图 7－1）。

（1）草莓会展业：以昌平草莓产业和世界草莓大会会展设施为基地，辐射门头沟、平谷的草莓会展产业带。

（2）籽种会展业：以丰台、顺义籽种产业和世界种子大会会展设施与国际种业交流中心为展示基地，辐射朝阳、海淀的籽种会展产业带。

（3）食用菌会展业：以通州食用菌产业和世界食用菌大会会展设施为基地，辐射房山、海淀的食用菌会展产业带。

（4）花卉会展业：以顺义花卉产业为核心，以第七届中国花卉博览会会展

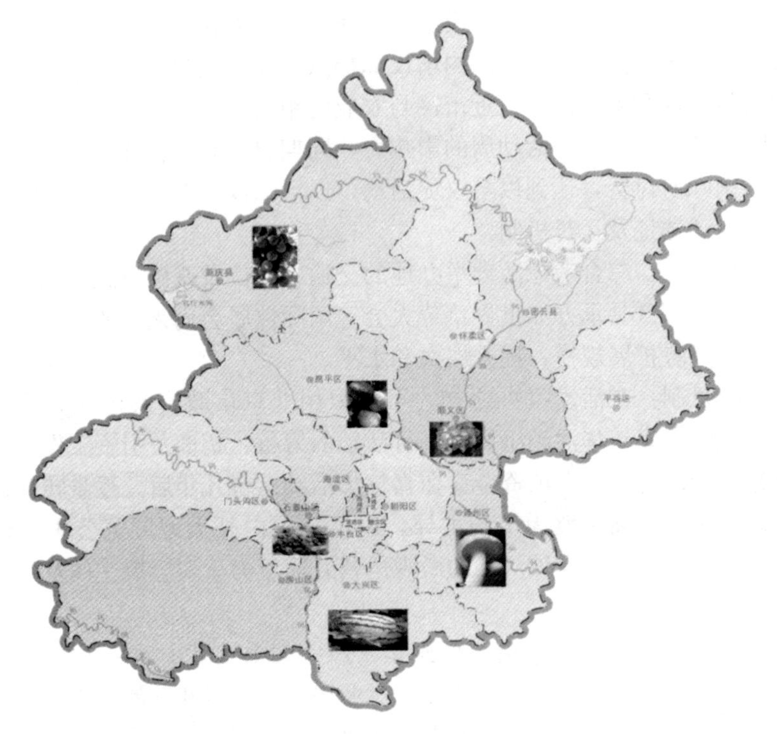

图 7-1　六大会展农业产业图

设施、北京国际鲜花港为基地，以中关村科技园区为中心的花卉高科技科研区为支撑，辐射大兴区苗圃等为主的中高档盆花、切花生产区，通州区宋庄等为主的花坛花卉和花灌木生产区、丰台区花乡等为主的高档盆花和花坛花卉生产区，顺义、朝阳等区县为主的观光花卉生产区，海淀区等为主的园林绿化苗木和花卉生产区，延庆、怀柔和密云等区县为主的花卉种球生产及盆花生产区的花卉会展产业带。

（5）西瓜会展业：以大兴西瓜产业为核心，以中国西瓜博物馆等场馆设施为基地，辐射通州和顺义等区县的西瓜会展产业带。

（6）葡萄会展业：以延庆葡萄产业为核心，以世界葡萄大会会展设施为基地，辐射大兴、通州、密云和顺义的葡萄会展产业带。

5. 十二培育带——十二会展农业产业培育带

（1）苹果会展产业培育带：以昌平为中心，辐射门头沟、延庆、密云、平谷，打造京西北山前暖区苹果会展产业培育带。

（2）虹鳟鱼会展产业培育带：以怀柔养殖示范基地和展示功能区为基础，

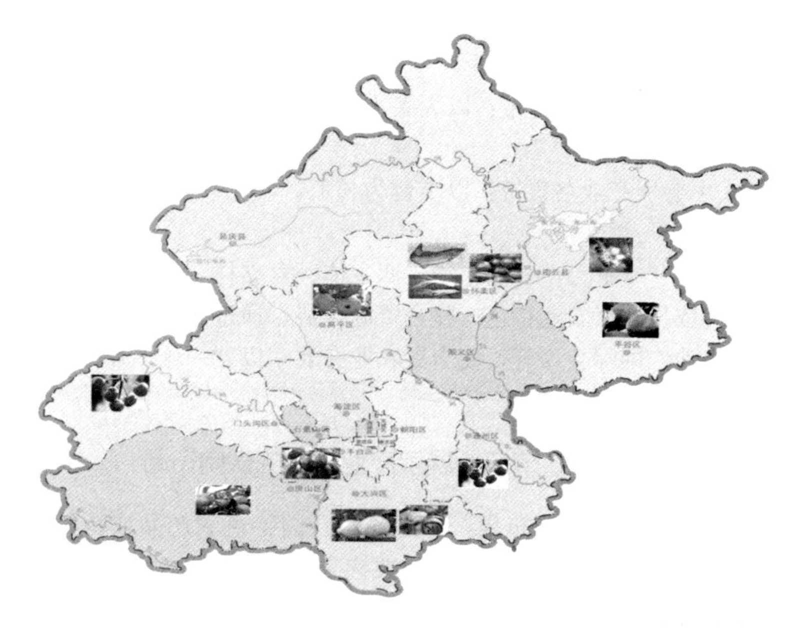

图 7－2　十二会展农业产业培育带

整合周边会展场馆资源，辐射带动密云、延庆、平谷、房山和门头沟，打造山区鲑鳟鱼、鲟鱼、虹鳟鱼等渔业会展培育带。

（3）大桃会展产业培育带：以平谷为核心，辐射大兴、昌平、房山、通州，打造平原、丘陵大桃会展产业培育带。

（4）蜜蜂会展产业培育带：以密云为核心，辐射昌平、延庆，打造蜂业会展培育带。

（5）樱桃会展产业培育带：以通州和门头沟为核心，辐射昌平、海淀等区县，打造樱桃会展产业培育带。

（6）西洋参会展产业培育带：以怀柔为核心，打造西洋参会展产业培育带。

（7）梨会展产业培育带：以大兴为核心，辐射顺义、房山、通州，打造“三河”沙地梨会展产业培育带。

（8）板栗会展产业培育带：以怀柔、密云为主，辐射昌平、延庆、平谷，打造百里燕山板栗会展产业培育带。

（9）核桃会展产业培育带：以平谷为核心，辐射门头沟、房山，打造浅山沟谷核桃会展产业培育带。

（10）柿子会展产业培育带：以房山为核心，辐射昌平、平谷，打造丘陵黄土区柿子会展产业培育带。

（11）甘薯会展产业培育带：以大兴为核心，辐射延庆，打造甘薯会展产业培育带。

（12）大枣会展产业培育带：以丰台为核心，辐射怀柔，打造大枣会展产业培育带。

总之，以上“一平台、一嘉年华、四主体、六支柱、十二培育带”的会展农业布局，将依托北京农业特色，整合资源优势，通过大力引进和举办品牌农业展会和知名涉农国际会议等，使会展农业在北京以“一城多片”的态势实现区域和时间布局上的完美结合。

（二）各区县“板块、节庆、展示产业带”的横向布局

各区县会展农业的具体布局，将以各区县的特色农产品或特色农业为主线，从“板块、节庆、展示产业带”的架构来规划（表7-1）。其中，板块重在突出会展农业的产业聚集和辐射功能，节庆以特色农产品为媒来呈现，展示产业带结合特色农产品和特色农业发挥会展农业的展示、示范和带动等作用。

表7-1　北京会展农业各区县规划一览表

区　县	特色农产品、农业	规划格局	内　　涵
怀柔	虹鳟、板栗、大枣、鸡和西洋参等	一个板块，三大节庆，五大展示产业带	怀柔雁栖湖产业聚集板块；满族风情节、虹鳟鱼美食节、板栗采摘节；渔业、板栗、大枣、鸡和西洋参五大特色农产品展示产业带
密云	渔业、板栗和蜂业等	一个板块，三大节庆，三大展示产业带	密云龙湾水乡产业聚集板块；鱼王美食节、农耕文化节和板栗采摘节；渔业、板栗和蜂业三大特色农产品展示产业带
顺义	鲜花、生猪；乡村文化等	一个板块，三节一展一会，三大展示产业带	潮白河产业聚集板块；郁金香节、月季节、菊花节、迎春年宵花展和花博会；北京国际鲜花港花卉展示产业带，顺鑫生猪养殖、加工及配送展示产业带，乡村文化艺术体验带
平谷	桃、蛋种鸡；沟域经济等	一个板块，四大节庆，三大产业展示带	“穿越平谷生态走廊”板块；国际桃花节，国际养生旅游文化节，金秋采摘观光节和国际冰雪节；万亩桃园展示产业带，蛋种鸡繁育展示产业带，十八弯沟域经济展示产业带

（续）

区　县	特色农产品、农业	规划格局	内　涵
通州	樱桃、梨、食用菌等	一个板块，两节一会，四大展示产业带	京东运河湿地板块；通州樱桃文化节，宋庄梨文化节和第十八届食用菌大会；西集镇樱桃种植及采摘展示产业带，宋庄梨园采摘及艺术文化展示产业带，食用菌生产及展示产业带，国际种业科技园展示带
延庆	杏、豆腐、葡萄；沟域经济，创意农业，有机农业、生态农业等	一个板块，四节一会，五大展示产业带	城北中央温泉会展商务区板块；“妫水风情·十里花乡”旅游观光节、杏花节、金秋旅游节暨葡萄文化节、乡村旅游节暨柳沟豆腐文化节、2014年第十一届世界葡萄大会；北山葡萄酒庄展示产业带、百里山水画廊创意农业展示产业带、四季花海沟域经济展示产业带、有机农业发展展示产业带、野鸭湖湿地生态农业展示产业带
昌平	苹果、香椿、草莓等	一个板块，两节一会，三大展示产业带	小汤山会展商务区板块；苹果文化节、香椿采摘节和2012年第七届世界草莓大会；现代农业园区展示产业带、特色林果种植观光展示产业带、草莓种植及观光展示产业带
门头沟	红富士苹果、京白梨、蜜蜂；沟域经济等	一个板块、四大节庆、两大展示产业带	永定河绿色生态发展板块；雁翅镇红富士苹果采摘文化节、军庄镇“京白梨”采摘节、斋堂镇法城村蜜蜂节和灵水举人文化节；沟域经济发展展示产业带、特色农产品种植及观光展示产业带
丰台	大枣、籽种、花卉等	一个板块、两节一会、四大展示产业带	河西生态休闲会务聚集板块；长辛店镇大枣采摘节、青龙湖龙舟赛和2014年世界种子大会；庄户籽种展示基地产业带、丰台花乡千亩高端花卉展示产业带、农业观光采摘及示范园展示带、新发地农产品现代贸易与物流科技园展示带
房山	磨盘柿、梨；沟域经济，葡萄酒庄等	一个板块、三大节庆、三大展示产业带	良乡会务休闲聚集板块；张坊镇金秋采摘节、琉璃河镇梨花文化节和长阳音乐节；西部山区沟域经济发展展示产业带、浅山区高端国际葡萄酒城展示产业带、平原区观光休闲农业展示产业带

（续）

区 县	特色农产品、农业	规划格局	内 涵
大兴	葡萄、梨、西瓜、桑葚；民俗村等	一个板块、五大节庆、两大展示产业带	庞各庄精品及会务休闲聚集板块；采育葡萄文化节、春华秋实、梨花节、西瓜节、安定桑葚文化节；特色农产品观光示范展示产业带、农业文化展示产业带
海淀	小西瓜、樱桃、鲜杏、京西稻；循环经济，生态农业等	一个板块、三节一季、三大展示产业带	南部高端商务服务产业聚集板块；小西瓜节、樱桃节、鲜杏节以及插秧季；京西稻标准化示范展示产业带、西马坊区域循环经济展示产业带、西北部高端休闲生态农业展示产业带
朝阳	精品农业，循环经济，特种养殖等	一个板块、三大节庆、五大展示产业带	三环国际商务产业聚集板块；蟹岛螃蟹节、农耕节和国际啤酒节；蟹岛循环经济展示产业带、京承高速都市型现代农业走廊展示产业带、京津冀一体协作轴展示产业带、精品蔬菜加工配送展示产业带、特种养殖展示产业带

1. 怀柔区 根据《北京城市总体规划（2004—2020年）》的总体发展战略，地处首都生态涵养发展区的怀柔区承担着北京市生态涵养和促进城乡化发展的战略任务。据此，怀柔区的发展定位为“首都生态涵养发展区、都市型产业基地、生态宜居城市、会展交流中心、旅游休闲胜地、东部发展带重要节点和国际交往中心重要组成部分”。会展农业在怀柔的发展，将以产业融合为发展主线，以农业公园、都市型现代农业走廊和沟域经济发展为平台，以平原区、浅山区和深山区为发展区域，以鱼、板栗、大枣、鸡和西洋参等特色农产品为主导，形成“一个板块、三大节庆、五大展示产业带”的基本格局（图7-3）。

（1）“一个板块”：即发展怀柔雁栖湖产业聚集板块，以申办G20峰会为契机，依托北京雁栖湖国际会议中心设施，整合周边长城、影视、宗教等旅游资源，高起点、高标准打造融会议、节庆、演艺与休闲度假于一体的商务会议休闲度假基地。

（2）“三大节庆”：即整合现有节庆资源，形成以满族风情节、虹鳟鱼美食节、板栗采摘节为代表的民俗、美食和采摘三类节庆活动。

（3）“五大展示产业带”：即形成渔业、板栗、大枣、鸡和西洋参五大特色农产品展示产业带。

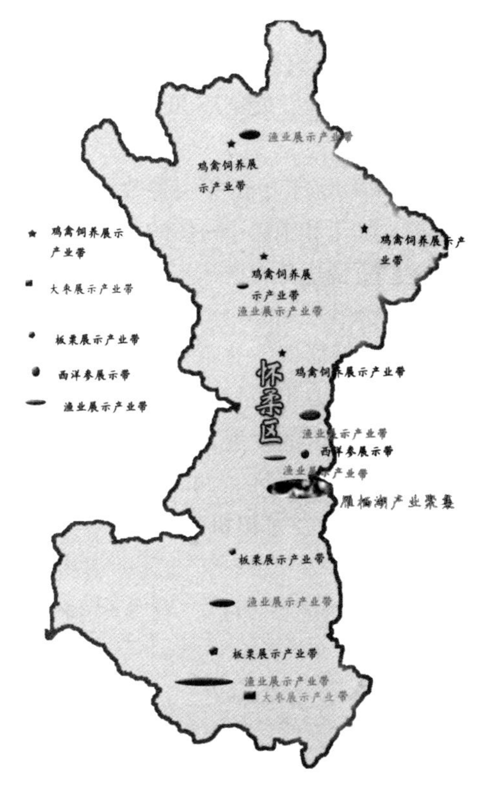

图 7-3　怀柔会展农业发展规划图

①渔业展示产业带。在北部深山区（如汤河、白河水系）及浅山区（如怀九河、怀沙河及琉璃河水系）等具备发展温室设施条件的养殖区域，适度发展冷水鱼设施养殖，并重点提升其品质和档次；在怀柔水库、北台上水库、大水峪水库，合理开展水库增殖，科学搭配增殖品种，提高库区产量和效益；在平原区主要发展设施养殖，在千亩水上公园以净化水体为目的，饲养观赏鱼。

②板栗展示产业带。由于怀柔区处在燕山山脉，其地理位置、海拔高度、降水量、温度、土质等条件都十分适合板栗生长，因此怀柔成为燕山板栗的主产区之一，并于 2001 年被国家林业部认定为中国板栗之乡。今后要进一步加强与北京科研院校合作，提升板栗技术创新，打造高质高效的以九渡河和渤海两镇为主要生产区的板栗展示产业带。

③大枣展示产业带。怀柔区西部，山场面积广大，气候、土壤等自然条件非常适宜大枣生长。应依托沟域经济，在西部山区以被誉为“京郊第一枣镇”的桥梓镇为核心，建设和发展大枣展示产业带。

④鸡禽饲养展示产业带。在怀柔的宝山镇、琉璃庙镇、喇叭沟门乡、长哨营乡等深山区重点发展柴鸡养殖，在通过技术进步解决环境污染问题的前提下，适度发展肉鸡养殖；在浅山区发展柴鸡和蛋鸭等精品养殖；平原区则逐渐退出畜禽养殖。

⑤西洋参展示产业带。怀柔区自 1981 年引种栽培西洋参。经过 20 多年的发展，现已形成集科研、种植、加工和销售于一体的产业化经营格局，并孕育出国家级龙头企业。今后要依托这些资源优势，进一步形成高端化的西洋参展示产业带。

2. 密云县　密云县有“八山一水一分田”的称誉。北京城市总体规划将密云县确定为“首都生态涵养发展区、北京东部发展带上的重要节点，北京重要的水源保护地，国际交往的重要组成部分”，今后要不断利用其旅游度假和会议培训等功能。会展农业在密云的发展，将伴随密云在“十二五”期间打造 4 个休闲度假区、9 个特色镇和“两区、两带、一基地”的县区布局的基础上[①]，以申办 2015 年国际养蜂大会为契机，形成“一个板块、三大节庆、三大展示产业带”（图 7－4）。

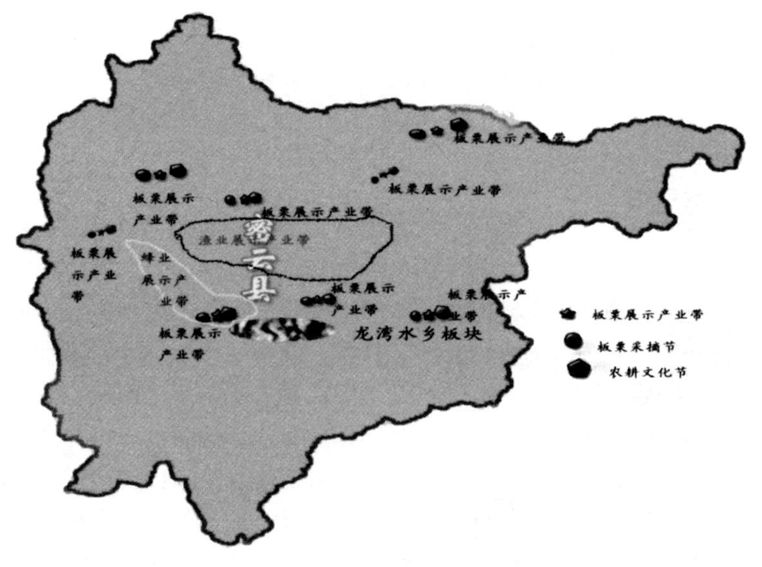

图 7－4　密云会展农业发展规划图

① 4 个休闲度假区，即云蒙山山地养生度假区、司马台历史文化旅游度假区、潮河商务休闲度假区、白河时尚休闲度假区 4 个主题度假区；9 个特色镇，即北庄、石城、冯家峪、不老屯、新城子、东邵渠、河南寨、大城子、高岭；“两区、两带、一基地”即经济开发区和非水源保护区，潮河产业带和白河产业带以及密云总部基地。

（1）“一个板块”：即发展密云龙湾水乡产业聚集板块，依托龙湾水乡国际休闲旅游度假区项目，重点开发高端定制会议、企业年会等会议市场，打造以低碳、绿色、环保为主题，会议与观光、娱乐、度假、康疗、运动休闲等多业态融合发展的会议度假板块。

（2）“三大节庆”：即鱼王美食节、农耕文化节和板栗采摘节。

①鱼王美食节。要加强品牌意识，形成优质品牌，并深入开展“欢乐大篷车进社区的活动”，刺激市民需求。此外，在此节庆活动举办的同时，推出“密云六大名优果品”、“登山、采摘、休闲、旅游”等系列活动，带动其他产品和产业的发展。

②农耕美食节。“农耕”蕴含着深厚的农业文化，在已有的举办该节庆资源的基础上，应将这一节庆在季节上延伸，在内容上拓展，在对象上扩充。如可利用农耕美食节的氛围，结合农事二十四节气，对青少年进行宣传，普及农耕知识。

③板栗采摘节。密云的板栗已经获得“燕山板栗”的地理标志，因此要加强地标保护意识，并通过板栗采摘节，加快和带动板栗产业和周边相关服务产业的发展。同时，要规划好采摘园，处理好板栗市场成熟与生理成熟的矛盾问题。

（3）“三大展示产业带”：即形成板栗、渔业和蜂业三大特色农产品展示产业带。

①渔业展示产业带。即环密云水库渔业展示产业带。

②板栗展示产业带。密云地处燕山山脉南麓，因其特有的片麻岩地质和温带季风性气候，使其成为板栗最适宜生长的地方。目前，密云板栗种植已达 30 多万亩，约占全市板栗种植总面积的 1/2，居北京各区县之首。今后要重点打造以不老屯、高岭、大城子、巨各庄、石城、冯家峪、太师屯、北庄、穆家峪、古北口等 10 个镇为主要产区的环密云水库板栗产业带。

③蜂业展示产业带。密云县是北京养蜂第一大县，蜂群达到 8.3 万群，养蜂户达 1 700 户，蜂业专业合作组织 16 家，并出现了一批“全国蜂产品安全与标准化生产基地”、“中国蜂业专业合作社示范社”等龙头企业。同时，在密云水库上游的石城镇黄峪口村建立了“中华蜜蜂谷”，发展中华蜜蜂。按照承办 2015 年国际养蜂大会时充分满足需要、会后有效利用的原则，密云县采取修建“一场、一馆、一中心、一园、一带、两基地”，即以巨各庄镇龙湾水乡作为这次大会的主会场，建设一个独具特色的蜂业博物馆和蜂业产业交流中

心，新建一个蜂业主题公园——大世界，围绕密云水库区打造一个 110 千米的蜂业产业带，并建设良种基地和有机蜂产品示范基地。

3. 顺义区 顺义区具有“绿色国际港”之称。依据《北京城市总体规划（2004—2020 年）》，顺义新城的特色定位为“滨水、生态、国际、活力、宜居”。会展农业在顺义的发展，将在各主导产业区的基础上，重点依托新国展、潮白河商务度假带、北京国际鲜花港、北京顺鑫农业股份有限公司（以下简称顺鑫农业）和沟域经济区形成“一个板块，三节、一展、一会，三大展示产业带”（图 7－5）。

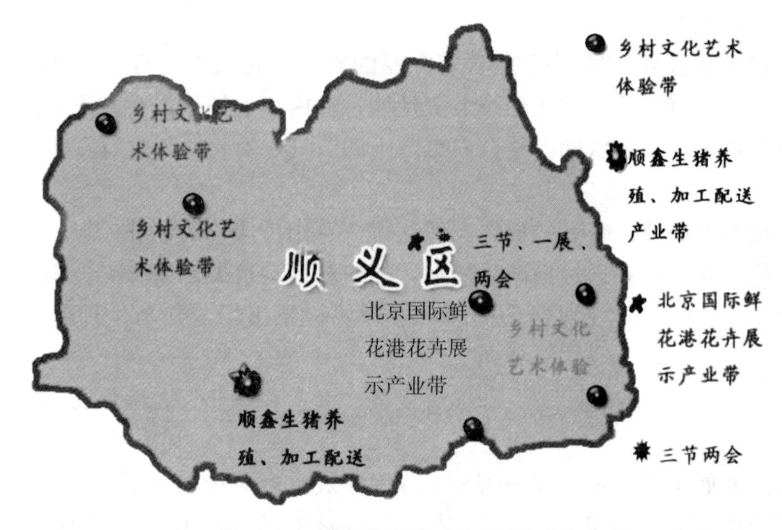

图 7－5 顺义会展农业发展规划图

（1）“一个板块”：即发展潮白河产业聚集板块，依托潮白河商务度假带，吸引颁奖会议、企业会议、经济论坛等商务会议，同时将其打造成为集体育健身、休闲娱乐、避暑、度假、会议等功能于一体的会展休闲旅游度假区。

（2）“三节、一展、一会”：即在北京国际鲜花港每年举办郁金香节、月季节、菊花节、迎春年宵花展和每三年举办一次自主品牌的花博会；按照高端化、规模化、品牌化和国际化思路，融合多产业发展，将顺义的服装节、樱桃采摘等与之融为一体，并加强国际合作。

（3）“三大展示产业带”：即形成北京国际鲜花港花卉展示产业带、顺鑫生猪养殖、加工及配送展示产业带、乡村文化艺术体验带。

①北京国际鲜花港花卉展示产业带。如第四章案例分析所示，北京国际鲜

花港（北京鲜花港投资发展中心）是北京市政府规划的北京市唯一的专业花卉产业园区，作为2009年第七届中国花卉博览会的重要功能组团之一，已成为北京市花卉产业发展的窗口，并属于目前正在打造的北京市国家现代农业科技城“一城多园”的“园区”之一。今后，鲜花港要通过花卉培育、新品种驯化和研发、鲜花售卖、花卉园艺、花卉深加工以及拓展的休闲度假旅游产业链，逐步发展成为北京市花卉的生产、研发、展示和交易中心，以及花卉的休闲观光和文化交流中心，打造花卉产业集聚区和世界级花卉航母，并辐射周边产业和周边地区。

②顺鑫生猪养殖、加工及配送展示产业带。顺鑫农业是北京市第一家农业上市公司，是中国农业产业龙头企业，目前下设6家分公司和16家控股子公司。顺鑫农业通过做大做强种猪繁育、肉食品加工产业，完善农副产品生鲜加工及绿色物流产业，并发展辅助产业，已成为业务多元化、管理专业化的现代农业企业。随着顺鑫农业的进一步发展，它将成为北京会展农业的现代农产品生产、加工和配送等环节产业链展示的重要窗口。

③乡村文化艺术体验带。依托现有沟域经济，在北务镇、杨镇、张镇等开发乡村艺术展示、花卉文化体验、农耕文化体验等文化体验产品；在大孙各庄、张镇等开发异国乡村风情体验产品；在北石槽镇、赵全营镇开发艺术家社区、艺术建筑集群、生活创意、大地景观等艺术产品。

4. 平谷区　依据《北京城市总体规划（2004—2020年）》，平谷是“北京东部发展带的重要节点，是京津发展走廊上的重要通道之一”，今后要着力引导其发展“物流、休闲度假等功能”。会展农业在平谷的发展，将在平谷的“一区、三化、五谷”[①] 的基本定位基础上，主要依托正在打造的“穿越平谷生态走廊”而形成的一带、一园、七区，构造“一个板块、四大节庆、三大产业展示带”（图7-6、图7-7和图7-8）。

（1）“一个板块”：即发展“穿越平谷生态走廊”板块[②]，以平昌公路为轴，发展运动休闲、野外宿营、自驾车游项目等；以林地、果园为幅，发展观光休闲、果品采摘、农业知识普及等项目；以绿脉（河涌）为经，结合水系，深入乡村，发展民俗餐饮、水上运动等项目；以绿基（绿块）为点，发展野外宿营、休闲观光、乡村体验等项目；以历史古迹为面，发展观光旅游、宗教文

---

① “一区、三化、五谷”是指：一区（建设首都生态第一区），三化（城市化、工业化、农业现代化），五谷（生态绿谷、京津商谷、绿能新谷、中国乐谷、幸福平谷）。

② 平谷区旅游局等．穿越平谷生态走廊乡村旅游带规划（2009—2015年）纲要．2009（9）。

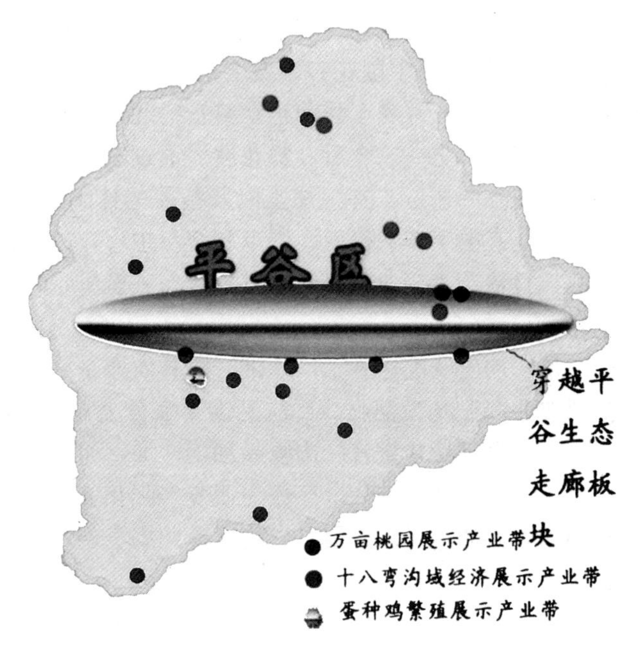

图 7－6　平谷会展农业发展规划图

化、爱国主义教育等项目。提供游憩、运动、健身、休闲、交流环境空间；将种养农业、旅游产业与会展农业融合发展，在为市民和游客提供一个理想的绿色游憩空间和休闲胜地环境空间的同时，营造经济发展机遇，增加居民经济收入，提高产业附加值。

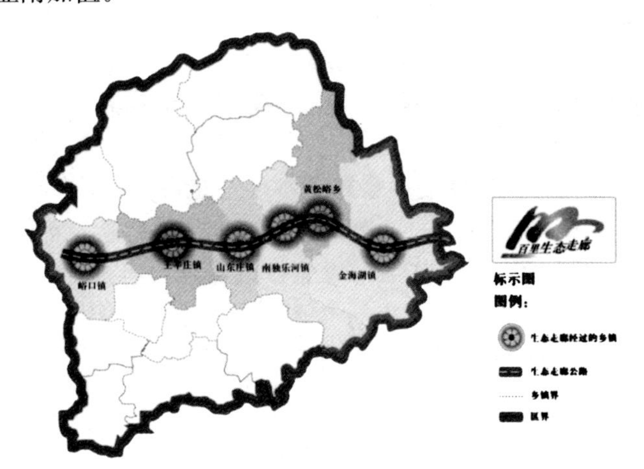

图 7－7　穿越平谷生态走廊示意图

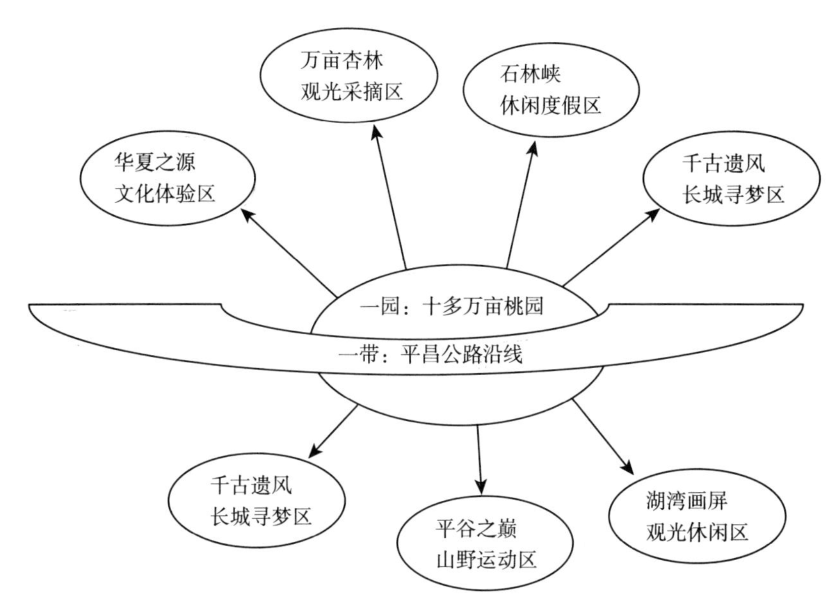

图 7－8　环“穿越平谷生态走廊”所形成的一带一园七区

（2）“四大节庆”：即以平谷的桃为主线，在春、夏、秋、冬四季分别举办国际桃花节、国际养生旅游文化节，金秋采摘观光节和国际冰雪节。其中，如第四章所述，于 2011 年转型升级的国际桃花音乐节有力地打造了平谷产业聚集区和文化休闲区，取得了较好的社会和经济效益，这种将国际元素融入传统节庆中的模式将成为今后北京会展农业中节庆发展的新趋势。

（3）“三大展示产业带”：即形成万亩桃园展示产业带、蛋种鸡繁育展示产业带、十八弯沟域经济展示产业带。

①万亩桃园展示产业带。即包括平谷镇、熊儿寨乡、马坊镇和夏各庄镇等 16 个镇而形成的万亩桃园产业带，构建五海的格局，即“东海”——山东庄镇以南至金海湖镇一带；“南海”——大岭以南，王辛庄镇一带；“西海”——刘店镇刘店村、万庄子村、东山下村一带；“北海”——小峪子桃花海浏览区；“中海”——刘钱路口南至桃花源巨石一带。

②蛋种鸡繁育展示产业带。即依托北京市华都峪口禽业公司，形成蛋种鸡繁育展示产业带。北京市华都峪口禽业公司，是集蛋种鸡繁育、中式食品生产、饲料加工为一体的跨行业、跨地区经营的农业产业化国家重点龙头企业，也是目前亚洲最大的现代化蛋种鸡企业。该企业携手科研院所，繁育出自主知识品牌的蛋种鸡新品种京粉 1 号和京红 1 号，其销量已占全国蛋种鸡总销量的

一半。自2001年起，由该企业主办的中国蛋种鸡企业发展高层论坛每年如期在平谷召开。此蛋种鸡繁育展示产业带将充分体现会展农业的高端性和科技性。

③十八湾沟域经济展示产业带。位于平谷北部山区，以平观路、昌金路和黄关路为轴线，涉及8个乡镇、48个行政村，总面积287平方千米，将分为旅游休闲、生态农业和浅山经济3个发展带，以打造主体突出、特色鲜明的山区沟域经济展示产业带。

5. 通州区 依据《北京城市总体规划（2004—2020年）》，通州是“东部发展带的重要节点，北京重点发展的新城之一，也是北京未来发展的新城区和城市综合服务中心”，要引导其发展“会展、文化、行政办公、商务金融功能”。会展农业在通州的发展，将结合旅游业的发展，在已构建的“一带、一心、四区”① 旅游空间总体布局上，依托京东运河湿地、西集镇和宋庄等地，以2012年召开的第18届食用菌大会为契机，着力打造“一个板块，两节一会，四大展示产业带”（图7-9）。

（1）“一个板块”：即发展京东运河湿地板块，该板块涵盖西集全镇镇域范围，包括京郊西集万亩樱桃园、运河人家温泉度假村和乡村营地、滨河绿廊的相关基础工程建设和景观改造、刘绍棠纪念馆及乡土文学茶社、运河之子文化长廊、企业农庄、垂钓基地、家庭农庄等。应充分运用三面环水、森林植被和农业种植资源丰富等资源优势，将京东运河湿地板块打造为集文化、休闲、采摘、农园为一体的国家森林公园模式的会展农业板块。

（2）“两节一会”：即通州樱桃文化节、宋庄梨文化节和第18届食用菌大会。

①通州樱桃文化节。结合通州大樱桃国家级地理标志申报成功，2010年传统的大樱桃采摘节已升级为“2010通州樱桃文化节”，其所运用的专业公司策划、市场化运作的模式今后将成为会展节庆的发展方向。同时，可结合地区资源优势，将龙舟赛、自行车游等多种形式融入文化节当中，并将森林节和樱桃文化节等融合，整合资源，充实内容，提高质量。

---

① “一带”，即滨河生态休闲带，作为西集镇生态旅游的重要名片，将成为贯穿西集镇各个重要旅游资源集聚区的景观长廊，通过滨河生态休闲带的开发，带动沿线农业生态采摘和各村落农家乐旅游项目的发展，其主要功能为生态观光、文化观光、农业采摘、生态休闲；“一心”，是集旅游管理、项目招商、游客接待、咨询、旅游购物和餐饮服务于一体的旅游综合服务中心，位于京沈高速公路郎府出口南侧区域；“四区”，即沙古堆农业休闲区、运河人家温泉度假区、水岸森林休闲娱乐区、潮白河生态体验区。

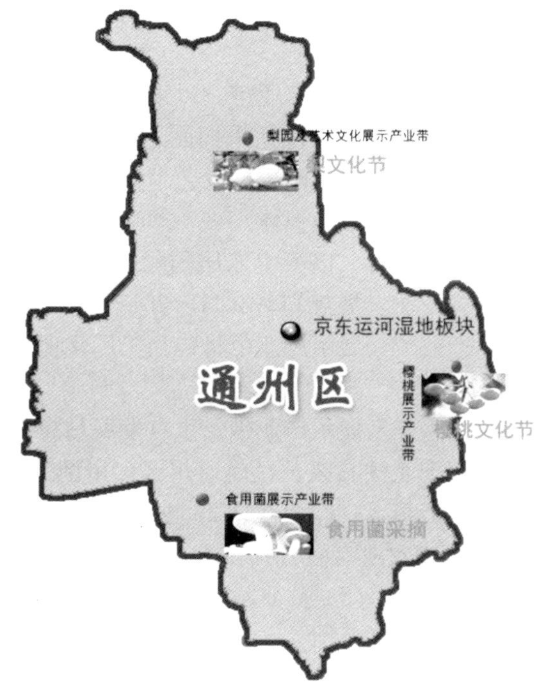

图 7－9　通州会展农业发展规划图（待加国际种业科技园展示带）

②宋庄梨文化节。将宋庄镇梨园采摘节与宋庄的文化艺术节合二为一，融“中国·宋庄”文化品牌于会展农业之中，提升办节质量和内涵。

③第 18 届食用菌大会。如第四章案例分析所述，第 18 届国际食用菌大会于 2012 年 8 月 26～30 日在中国北京举办，通州区作为本次大会的承办方担任展览展示的任务。为此通州区重点建设了“一路一场一园一区”等多项工程，提升了食用菌产业及都市型现代农业的跨越式发展，取得了较好的社会和经济效益。今后，应充分利用好大会场馆，深度挖掘大会内外的经济和科技资源，以通州食用菌产业集聚区为核心，继续打造世界级食用菌产业中心，带动北京地区乃至全国食用菌产业的提升和发展。

（3）“四大展示产业带”：即西集镇樱桃果蔬采摘及设施农业展示产业带、宋庄梨园采摘及艺术文化展示产业带、食用菌生产及展示产业带、国际种业科技园展示带。

①西集镇樱桃水果采摘及设施农业展示产业带。运用点—轴渐进扩散理论，打造以西集镇为点（即中心城镇），以京沈高速公路和通香公路及两河大堤为轴，以樱桃为主的水果采摘及设施农业展示产业带，整合特色资源，发展

休闲旅游、观光采摘、度假培训等功能，并通过设施农业、会展农业带动外围村庄发展。

②宋庄梨园采摘及艺术文化展示产业带。以宋庄的文化品牌为增长极，拓展会展农业的产业链条，在宋庄形成包括采摘园、合作社产区、大棚、温室、画廊、美术馆、艺术中心等系列的梨园采摘及艺术文化展示产业带，将休闲农业、设施农业和会展农业的发展融为一体。

③食用菌生产及展示产业带。以第十八届国际食用菌大会的举办为契机，以已有的《通州区食用菌产业发展规划（2011—2015年）》为基础，继续构造通州食用菌生产及展示产业带，展示产业带将包括工厂化食用菌、棚室食用菌和林地食用菌三大类。

一是，工厂化食用菌生产及展示产业带。重点发展马驹桥白灵菇工厂化生产集聚区和永乐店食用菌产业核心区。目前通州区食用菌工厂化生产企业有：北京富勤食用菌科技有限公司，日产金针菇25吨；北京恒达兴菌业有限公司，日产白灵菇2吨；北京冠华农业有限公司，日产金针菇3吨。至2015年，在马驹桥和永乐店新建食用菌企业3～4个，达到日产金针菇40吨、杏鲍菇20吨、白灵菇10吨、茶树菇5吨。

二是，棚室食用菌生产及展示产业带。至2015年达到3 000亩，其中漷县镇以草厂、西定安、大香仪、纪各庄和曹庄等为核心建设10个食用菌专业村，在原有500亩的基础上发展至1 000亩；潞城镇在兴各庄（双孢菇）、燕山营等村原有200亩基础上发展至500亩；宋庄镇在大庞村等地原有100亩的基础上发展至500亩；西集镇在大沙务等村原有100亩基础上发展至500亩；永乐店镇在孔庄、邓庄、陈辛庄等村原有200亩的基础上发展至500亩。

三是，林地食用菌生产及展示产业带。林地食用菌由6 000亩发展至1万亩，新增4 000亩。其中，永乐店镇2 000亩，漷县镇400亩，潞城镇400亩，宋庄镇400亩，西集镇400亩，马驹桥镇400亩。

④国际种业科技园展示带。作为国家现代农业科技城“一城多园”建设的特色园区之一，通州国际种业科技园展示带将成为推动种业发展不可或缺的重要载体之一。该园区展示带位于通州区南部于家务乡，先期规划1.5万亩，远期规划3万亩。其中，97%的土地为耕地，用于入驻种业企业和科研单位的育种、中试和范。建成后将以科研创新为基础、会展展示为窗口，企业孵化为支撑、交易交流为核心、综合服务为保障，最终形成集研发、展示、示范、交易和服务为一体的国际化种业企业运营总部、科研总部、交易总部和结算总部，推动种业的高端发展。

6. 延庆县 依据《北京城市总体规划（2004—2020年）》，延庆县是“国际交往中心的重要组成部分，联系西北地区的交通枢纽，国际化旅游休闲区”，要引导其发展“旅游、休闲度假、物流等功能”。目前，延庆已成为全国5个“标准旅游示范县”之一。2010年和2011年，延庆县又分别提出要建设“绿色北京示范区”，以及要打造“县景合一”的国际旅游休闲名区的发展目标。会展农业在延庆的发展，将以举办2014年第十一届世界葡萄大会为契机，以《延庆新城规划（2005—2020年）》提出的构筑“一轴、一川、一环、一山”[①]的产业发展格局为基础，构建“一个板块、四节一会、五大展示产业带”（图7-10）。

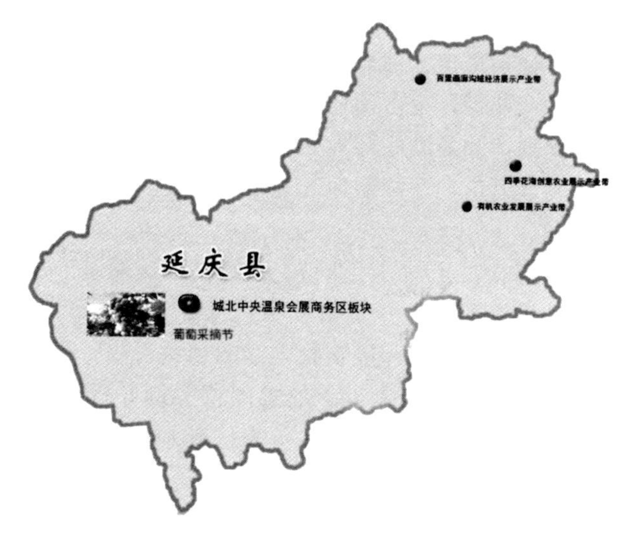

图7-10 延庆会展农业发展规划图

（1）“一个板块”：即城北中央温泉会展商务区板块，以新城02、03街区为主，利用周边已有的远洋国际酒店、金隅温泉度假村、江水泉公园、国际会展中心等多个配套服务项目，引入高端社会资本，高水平开发度假、休闲、会展、养生等项目，建设以温泉为特色的城北中央温泉会展商务区板块。

（2）“四节一会”：“四节”即“妫水风情·十里花乡”旅游观光节、杏花节、金秋旅游节暨葡萄文化节、乡村旅游节暨柳沟豆腐文化节。将节庆与地方

---

① “一轴、一川、一环、一山”是指：以产业园区为依托，吸纳环境友好型企业，在城镇发展轴重点建设规模体系完备、设施齐全的旅游服务基地；在川区平原地区重点发展现代生态农业；盆地周边地区适度发展旅游休闲服务业，引导资源合理利用；东部山区重点进行生态涵养保护生态环境。

特色农产品相结合[①]，与采摘、观光、体验相融合，充实会展农业的形式与内容。“一会”即2014年第十一届世界葡萄大会。如第四章案例分析所述，这是一场全球葡萄界级别最高、参会国家最广泛的盛会。通过筹备此次大会，延庆将构造“一带、一园、一场、四中心”的葡萄规模产业带，应以此为契机，挖掘和积累北京发展会展农业的有效方式和创新经验。

（3）“五大展示产业带”：即北山葡萄酒庄展示产业带、百里山水画廊创意农业展示产业带、四季花海沟域经济展示产业带、有机农业发展展示产业带、野鸭湖湿地生态农业展示产业带。

①北山葡萄酒庄展示产业带。即以上述第十一届世界葡萄大会为契机，整合区域葡萄产业、休闲旅游、专家科研和相关配套项目等资源，吸引社会投资，引进葡萄酒庄、葡萄种植、葡萄酒酿造、物流销售等国内外知名企业，打造北山葡萄酒庄展示产业带，抢占葡萄酒产业链条的高端位置，发挥引领、示范作用。根据已有规划，葡萄酒庄产业带，全长50公里，葡萄种植规模6万亩。其中，鲜食葡萄3万亩、酿酒葡萄3万亩，建设内容为“一带、一园、一场、四中心”。

②百里山水画廊创意农业展示产业带。继续高标准建设千家店百里山水画廊大景区，完善基础设施配套，开发新项目，增加消费要素，将其建成集旅游、休闲、养生为一体的，体现深度文化内涵的创业农业展示产业带。

③四季花海沟域经济展示产业带。如第四章案例分析所展示的，整合四海、珍珠泉、刘斌堡等东部沟域资源，大范围打造大地景观，高水平策划休闲业态，提升特色经济发展水平，整体打造“四季花海”大沟域创意农业展示产业带。

④有机农业发展展示产业带。利用郊区绿色生态农业资源优势和地理优势，依托德青源、果园老农、绿富隆有机农产品加工中心等龙头企业，加强有机农产品基地建设，提升“延庆·有机农业”品牌，打造有机农业发展展示产业带。

⑤野鸭湖湿地生态农业展示产业带。依托野鸭湖独特的湿地景观和旅游资源，完善旅游购物和娱乐设施，开发科普教育、徒步观光和自行车骑游等休闲产品，打造湿地生态农业展示产业带。

7. 昌平区 依据《北京城市总体规划（2004—2020年）》，昌平是“重要的高新技术研发产业基地”，要引导其发展“高新技术研发与生产、旅游服务、

① 如“妫水风情·十里花乡”旅游观光节联动京郊甘薯第一村西王化营村的发展。

教育等功能”。会展农业在昌平的发展，将以举办 2012 年第七届世界草莓大会为契机，以《昌平新城规划（2005—2020 年）》提出的构筑“两轴一带”[①] 产业发展格局为基础，构建“一个板块、两节一会、三大展示产业带”（图 7-11）。

图 7-11　昌平会展农业发展规划图

（1）“一个板块”：即小汤山会展商务区板块。依托九华、龙脉、花水湾、御汤泉等温泉度假酒店群，完善、提升会展及配套服务设施，深度开发政府、企事业、社团等会议市场及小型专业展会市场，打造温泉主题、特色鲜明的会议与康疗养生基地。

（2）“两节一会”：即苹果文化节、香椿采摘节和 2012 年第七届世界草莓大会。其中，苹果文化节和香椿采摘节分别以崔村镇和流村镇为辐射极，通过节庆的平台，融入产业发展论坛、国际长跑大会等多种形式，提升昌平特殊果蔬的品牌价值，提高经济效益和社会效益，推进都市型现代农业的发展。

2012 年第七届世界草莓大会：如第四章所述，以国际草莓学术研讨会为起点，以举办第七届世界草莓大会为契机，继续打造昌平乃至中国草莓品牌，提升北京及中国草莓科技含量，促进草莓产业的发展。

（3）“三大展示产业带”：即现代农业园区展示产业带、特色林果种植观光展示产业带、草莓种植及观光展示产业带。

①现代农业园区展示产业带。即以小汤山现代农业科技示范园为龙头，以

① “两轴一带”中的“两轴”，是指八达岭高速公路沿线的综合产业发展轴和立汤路沿线的休闲度假和都市产业发展轴；“一带”，是指北部山区生态、文化、旅游休闲产业带。

建设国家现代农业科技城昌平园为契机，形成一批高效、开放的现代农业园区，结合北京农学院、中国农业科学研究院昌平实验基地和中国农业科学院畜牧研究所昌平实验基地等农业科研单位，形成集科研、科普教育、观光为一体的现代农业园区展示产业带，积极发挥会展农业科技示范带动的功效。

②特色林果种植观光展示产业带。即在京密引水渠以北，结合北部山区生态旅游带的建设，发展集苹果等特色林果种植、观光采摘、民俗旅游、休闲度假为一体的特色林果种植观光展示产业带。

③草莓种植及观光展示产业带。如第四章案例分析所述，以 2012 年第七届世界草莓大会为契机，构造“一区、一场、一园和两中心”草莓种植及观光展示产业带，今后应加强会后利用和建设。

8. 门头沟区 根据《北京城市总体规划（2004—2020 年）》，门头沟是“西部发展带”的重要组成部分。要引导其发展“文化娱乐、商业服务、旅游服务等功能”。会展农业在昌平的发展，以《门头沟新城规划（2005—2020 年）》中提出的“生态·服务”为主题，“都市生态屏障、城市综合服务、文化休闲旅游、生态经济发展和宜居城市建设”的区域主导功能，“东部综合服务区和西部生态涵养建设区”的全区空间布局的基础上，构筑“一个板块、四大节庆、两大展示产业带”（图 7-12）。

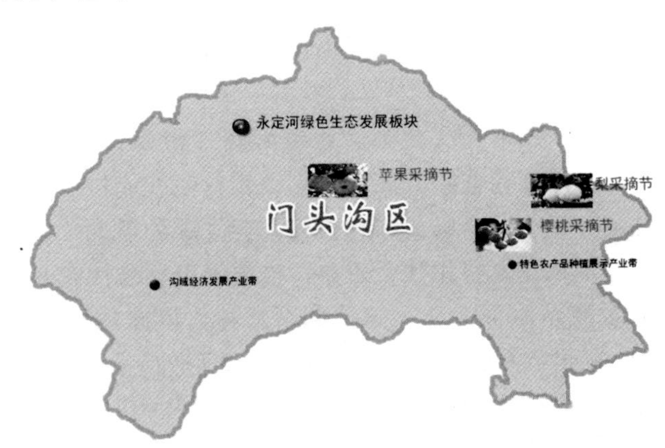

图 7-12 门头沟会展农业发展规划图

（1）“一个板块”：即永定河绿色生态发展板块。重点优化门头沟新城段 15 千米两侧的产业空间布局，打造永定滨水商务区、门城生态商务区、龙泉休闲商务区和三家店旅游文化休闲区。重点发展旅游文化、休闲娱乐、商务金融、文化创意、会展培训等多融合产业。

(2)“四大节庆”：即雁翅镇红富士苹果采摘文化节、军庄镇京白梨采摘节、斋堂镇法城村蜜蜂节和灵水举人文化节。将当地特色农产品与特色民风民俗融入节事活动，拓展会展农业的外延；在带动当地经济发展的同时，辐射周边村镇，促进会展农业的发展。

(3)“两大展示产业带”：即沟域经济发展展示产业带、特色农产品种植及观光展示产业带。

①沟域经济发展展示产业带。以108、109国道为轴线，依据不同沟域的资源特色，引进社会资本，打造自然风光旅游、民俗文化展示、都市型现代农业发展、生态治理示范等四类18条示范沟域，形成形式多样、产业融合的沟域经济发展展示产业带。同时，充分发挥银泰投资、中国五矿、中坤投资等龙头企业的带动作用，实施重大项目建设；引进国际先进生态城市技术和理念，通过国际招商推进中芬生态谷建设。到2015年基本形成“走廊带沟域、沟沟有特色”的沟域经济发展格局，重点沟域发展在全市形成品牌。

②特色农产品种植及观光展示产业带。包括雁翅镇的红富士苹果、军庄镇的京白梨、妙峰山镇樱桃沟的樱桃、斋堂镇法城村的蜜蜂及蜂产品等特色农产品的种植园、采摘园，以及妙峰山玫瑰花国家级农业标准化示范区等。

9. 丰台区　根据《北京城市总体规划（2004—2020年）》，丰台区的定位是“国际国内知名企业代表处聚集地，北京南部物流基地和知名的重要旅游地区”。会展农业在丰台的发展，将在丰台区已提出构建“两带四区”[①] 的基础上，构建“一个板块、两节一会、四大展示产业带”（图7－13）。

图7－13　丰台会展农业发展规划图

① “两带四区”中的“两带”，是指城南三、四环都市型产业发展带和永定河水岸经济带；“四区”，是指丽泽金融商务区、丰台科技园区、大红门服装文化商务区和河西生态休闲旅游区。

(1)“一个板块”：即河西生态休闲会务聚集板块。依托山地、生态、温泉、农业和度假村等特色资源，以南宫旅游景区、北宫国家森林公园、鹰山森林公园、千灵山风景区以及南宫泉怡园度假村和长辛店御景山庄民俗村等为主体，构造生态休闲会务聚集板块。

(2)“两节一会”：即长辛店镇大枣采摘节、青龙湖龙舟赛和2014年世界种子大会。

①长辛店镇大枣采摘节。从2003年第一届大枣采摘节开始，长辛店镇已成功举办8届大枣采摘节，6届大枣评比赛。据统计，每年大枣采摘节可接待游客3.5万人次。通过大枣采摘节活动，全镇农民大枣年收入达到360万元，采摘节期间销售农副产品收入40万元，并带动242户枣农增收，解决800余农民的就业问题。今后的大枣采摘节将在依托当地大枣合作社进一步发展大枣生产的基础上，充实节庆内容，提高办节档次，优化运作模式，更好地发挥会展农业的带动与辐射作用。

②青龙湖龙舟赛。青龙湖龙舟赛被誉为北方地区规模最大的龙舟赛事。今后该赛事活动的发展可更好地将中国传统的端午文化与农耕文化等融合，宣传中国文化，拓展现代价值，展现丰富多彩、和谐文明的群众生活。

③2014年世界种子大会。如第四章所述，丰台的种子大会已在全国成为一大知名品牌，在此基础上，丰台所承办的2014年世界种子大会，必将对发展北京籽种产业、打造我国种业之都，促进我国种业创新、树立我国种业的国际地位，以及引领中国种子企业走向国际市场等方面都将起到极大的促进作用。

(3)“四大展示产业带”：即庄户籽种展示基地、丰台花乡千亩高端花卉展示产业带、农业观光采摘及示范园展示带、新发地农产品现代贸易与物流科技园展示带。

①庄户籽种展示基地产业带。即现在的北京市农作物品种试验展示基地(丰台)，该基地是北京市种子管理系统品种展示工程“1+10”体系之一。基地位于丰台区王佐镇庄户村，总占地450余亩。自2006年兴建以来，已经发展成为北京市品种试验展示基地体系中设施规模最大、功能最完备的专业型新品种展示观摩基地。为迎接即将到来的2014年世界种子大会，基地计划还将进行大规模升级和改造。

②丰台花乡千亩高端花卉展示产业带。结合城市绿化隔离区的产业用地现状，依托丰台区花乡的盛芳园和花乡花木集团等大型现代花卉企业，以千亩花卉高端产业基地为核心，引入国内外花卉产业高端要素，进行中高档盆花和种

苗的规模化生产，建设创新研发中心，促进花卉高科技研发与高端产品生产的快速发展。

③农业观光采摘及示范园展示带。包括世界花卉大观园、长辛店镇东河沿村大枣采摘园、太子峪村大枣采摘园、李家峪村大枣采摘园、辛庄村大枣采摘园、张家坟村大枣采摘园、王佐镇南宫村的世界地热博览园、魏各庄村的观光采摘园、庄户村的籽种农业展示园、“北宫森林公园”和卢沟桥乡张仪村观光采摘园等。

④新发地农产品现代贸易与物流科技园展示带。以北京新发地农产品批发市场为依托，以正在建设的国家现代农业科技城的“园区”之一——新发地国际绿色物流区为契机，打造农产品现代贸易与物流科技园展示带。该展示带将整合科研院所、企业、检测机构等科技资源，通过建立“从农田到餐桌”的全程检测和追溯管理体系，实现食品安全保障功能；通过开展农产品进出口“一站式”服务和电子交易，实现国际农产品流通贸易功能；通过实行IC卡会员管理和交易结算，实现金融服务功能；通过交易数据的综合处理，实现信息决策与安全预警功能，从而引领农产品现代贸易和物流的高端化发展。

10. 房山区　根据《北京城市总体规划（2004—2020年）》，房山区的定位是“北京面向区域发展的重要节点，引导发展现代制造业、新材料产业，以及物流、旅游服务、教育等功能”。会展农业在房山的发展，将在进一步贯彻落实房山区“三化两区”[①]的总体战略和围绕“两轴、三带、五园区”[②]产业空间布局的基础上，构建“一个板块、三大节庆、三大展示产业带”（图7-14）。

（1）“一个板块”：即良乡会务休闲聚集板块。在良乡高教园区建设区级会议展览中心，在青龙湖、长沟、韩村河、十渡等沿山城镇结合旅游、度假和培训功能安排小型会议中心。

（2）“三大节庆”：即张坊镇金秋采摘节、琉璃河镇梨花文化节和长阳音乐节。张坊镇是北京市唯一的磨盘柿专业镇，是北京市郊区磨盘柿主产区之一；

① “三化两区”是指：“坚持科学发展，加快城市化、工业化、现代化进程，建设产业友好、生态宜居新房山”。“三化两区”的核心就是要以城市化带动功能区建设，以功能区建设促进全区发展，最终实现城市化和功能区发展的良性互动。

② “两轴、三带、五园区”中的“两轴”即京港澳高速发展轴，地铁房山线及燕房线。“三带”即东部带，主攻休闲购物，现代制造，都市农业；中部带，着力石化新材料产业；西部带，主打山水文化，休闲会所，文化创意。“五园区”即以燕房组团为核心的石化新材料科技产业基地，以汽车工业为支撑的窦店高端现代制造业产业基地，以长阳半岛为核心起步区的房山中央休闲购物区（CSD），以自然人文资源为依托的中国房山世界地质公园，以世界现代农业都汇为核心的中国北京农业生态谷。

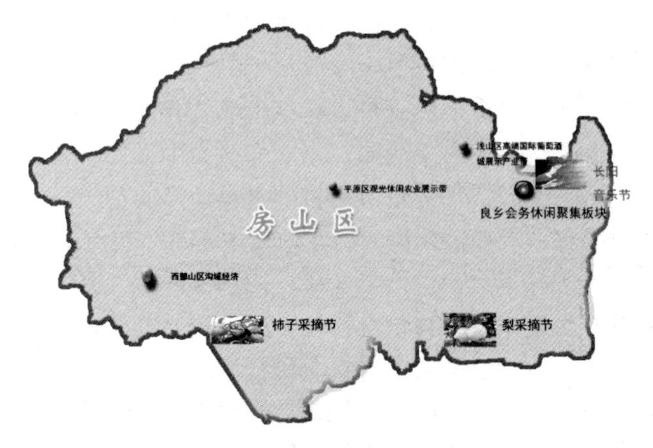

图 7-14　房山会展农业发展规划图

琉璃河镇林果资源丰富，其中梨树种植达 1.9 万亩，占房山区梨树总面积的 51%，出产的京白梨等备受广大消费者的青睐。其中，早酥梨远销俄罗斯、新加坡等地。以这两个镇的特色农产品为媒的金秋采摘节和梨花文化节，今后可与长阳音乐节进行深层次整合，将文化音乐元素引入其中，提高办节质量，提升带动效应。

（3）“三大展示产业带”：即西部山区沟域经济发展展示产业带、浅山区高端国际葡萄酒城展示产业带、平原区观光休闲农业展示产业带。

①西部山区沟域经济发展展示产业带。以世界地质公园建设为契机，以沟域经济发展项目为切入点，整合现有生态资源、旅游资源和人文资源优势，结合南窖高山立体循环农业、十渡山水文化休闲走廊、北线生态度假带建设将西部山区建设成为特色鲜明、种类多样、精致优美，集一、二、三产业相融合的区域经济发展展示产业带。

②浅山区高端国际葡萄酒城展示产业带。充分利用得天独厚的自然资源，以青龙湖为核心建设高端国际葡萄酒城，经过 5～10 年的努力，辐射带动浅山区相关乡镇打造以中西文化、田园风光为特色的，集葡萄酒酿造、交易展示、餐饮娱乐、旅游观光、体育健身为一体的浅山区高端国际葡萄酒城展示产业带。

③平原区观光休闲农业展示产业带。围绕“世界现代农业都汇”建设，以永定河—小清河发展带为轴，以河北玫瑰观光园、大安山千亩核园观光采摘园、霞云岭百里核桃绿色观光采摘走廊、青龙湖南观垂钓园、务滋百果园等一批农业观光园区为点，发挥农业资源优势，建设集绿色观光采摘、主题科普展示、农耕文化、乡村特色住宿，庄园绿色养生等为一体的平原区观光休闲农业

展示产业带。

11. 大兴区　根据《北京城市总体规划（2004—2020 年）》，大兴区的定位是“北京未来面向区域发展的重要节点，在北京发展中具有重要的战略地位。引导发展生物医药等现代制造业，以及商业物流、文化教育等功能”。会展农业在大兴的发展，将在大兴“十二五”规划提出的“一区六园”[①] 的产业空间布局的基础上，构建“一个板块、五大节庆、两大展示产业带”（图 7-15）。

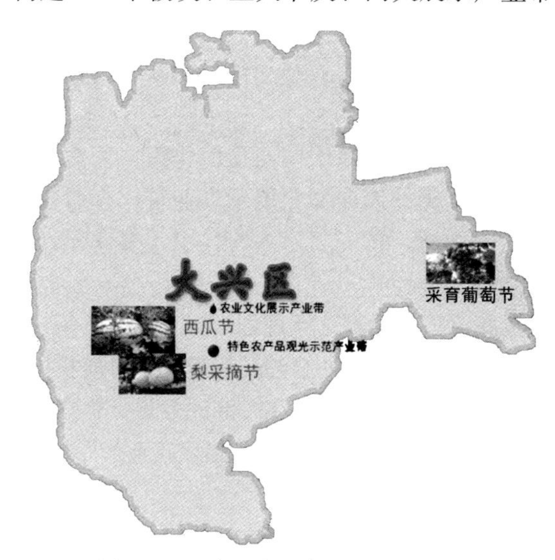

图 7-15　大兴会展农业发展规划图

（1）“一个板块”：即庞各庄精品及会务休闲聚集板块。依托永定河绿色生态发展带，在庞各庄西甜瓜等特色农业基础上发展体育休闲、会议度假、都市工业设计和新材料等新兴产业。同时，大力推进北京国际体育休闲及会展中心建设，并进一步保护和提升北京大兴西瓜节品牌优势，打造集精品农业基地、景点旅游景观、休闲购物度假、现代农业休闲和商务会议于一体的庞各庄名品及会务休闲聚集板块。

（2）“五大节庆”：即以该区各镇特色农产品为媒而举办的采育葡萄文化节、春华秋实、梨花节、西瓜节、安定桑葚文化节。今后，这五大节庆应进一步从时间延续化、区域规划化、内容多样化、元素多元化等方面整合资源，提升质量，形成特色品牌节庆。

① “一区六园”中的“一区”是指开发区；“六园”指生物医药产业园、新媒体产业园、新能源汽车产业园、军民结合产业园、生产性服务业产业园、新空港产业园。

（3）“两大展示产业带”：即特色农产品观光示范展示产业带、农业文化展示产业带。

①特色农产品观光示范展示产业带。以优势产业为依托，充分利用全区的都市型现代农业资源和名特优农产品，以现有的老宋瓜园、老胡梨园等特色农业观光园，御瓜园、古桑园、千亩梨园、万亩葡萄园等高效产业园区，庞安路都市型现代农业产业带、魏永路观光带、刘礼路都市型现代农业观光产业带、永定河观光旅游休闲产业带等为平台，引入航天科普、科技普及等元素，打造集产业发展、科技示范、精品销售、观光休闲和新农村建设于一体的特色农产品观光示范展示产业带。

②农业文化展示产业带。即以中国西瓜博物馆、葡萄博物馆、梨文化博物馆等农业文化展馆等为主体的农业文化展示产业带，今后这类展馆要更加注重挖掘农业文化的深层次内涵，扩充展示内容，引入多样元素，寓教于乐，更好地起到宣传展示的功效。

12. 海淀区　根据《北京城市总体规划（2004—2020年）》，海淀区的定位是“国家高新技术产业基地之一，国际知名的高等教育和科研机构聚集区，国内知名的旅游、文化、体育活动区”。会展农业在海淀的发展，将在海淀“十二五”规划的基础上，构建“一个板块、三节一季、三大展示产业带”（图7-16）。

图7-16　海淀会展农业发展规划图

（1）“一个板块”：即南部高端商务服务产业聚集板块，应加快提升公主坟、甘家口等商业区品质，积极培育玉渊潭现代生态型商务服务区和五棵松文化休闲集聚区，支持国际会议展示中心等重点项目建设，吸引一批世界一流的商业消费、文化消费品牌。同时，加快建设西山文化创意大道，大力发展精品演艺、艺术品创作展示交易、酒店会展等产业，建设文化内涵深、科技水平高、创意思维新的南部高端商务服务产业聚集板块。

（2）“三节一季”：即以上述特色农产品为媒举办的小西瓜节、樱桃节、鲜杏节以及融入历史民俗文化的插秧季。今后，这些节事活动要进一步整合资源，提升质量，形成特色品牌节庆。

（3）“三大展示产业带”：即京西稻标准化示范展示产业带、西马坊区域循环经济展示产业带、西北部高端休闲生态农业展示产业带。

①京西稻标准化示范展示产业带。以北京大道农业有限公司为龙头，以国家级京西稻标准化农业示范区为基地，构建京西稻标准化示范展示产业带。

②西马坊区域循环经济展示产业带。将林下经济、奶牛经济、蚯蚓养殖、农庄经济和水稻经济有机联系起来，构成西马坊区域循环经济展示产业带，在带动农民增收、促进环境保护和推动经济发展的同时，示范和引领循环农业的发展。

③西北部高端休闲生态农业展示产业带。按照旅游资源多样化、服务便利化、管理精细化、市场国际化的要求，深度挖掘和整合资源，构建集皇家园林游、科教体验游、都市风情游和生态休闲农业于一体的西北部高端休闲生态农业展示产业带。

13. 朝阳区　根据《北京城市总体规划（2004—2020年）》，朝阳区的定位是“国际交往的重要窗口，中国与世界经济联系的重要节点，对外服务业发达地区，现代体育文化中心和高新技术产业基地”。会展农业在朝阳的发展，将在朝阳“十二五”规划提出的建立“北部都市型现代农业示范区、东部旅游度假休闲区、南部优质农产品物流和特色养殖区”的基础上，构建“一个板块、三大节庆、五大展示产业带”（图7－17）。

（1）“一个板块”：即三环国际商务产业聚集板块。以中国国际展览中心和全国农业展览馆为基础，整合展览场馆及周边的商务酒店资源，重点发展会展和商务等。其中，沿东三环中路重点发展传媒商务，促进信息传媒产业沿京通快速路、朝阳路、朝阳北路及广渠路向东延展；沿东三环南路重点发展商务办公，将商务氛围向南部地区延展，以实现中小型展览、会议、商务并举发展。

（2）“三大节庆”：即蟹岛螃蟹节、农耕节和国际啤酒节。今后，这些节庆

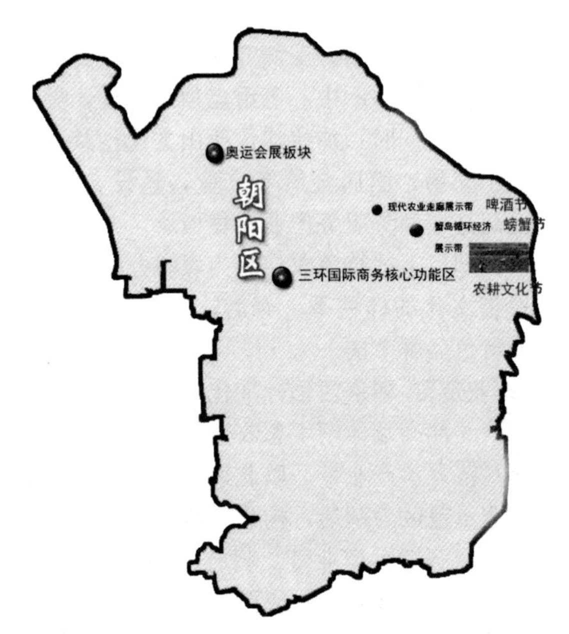

图 7－17　朝阳会展农业发展规划图

要进一步充实内容，提升质量，形成特色品牌节庆。尤其是国际啤酒节，应在如何化解正宗化与本土化的冲突、广泛性与安全性的冲突、预期性与现实性的冲突、长效性和短期性的冲突方面积极探索。

（3）“五大展示产业带”：即蟹岛循环经济展示产业带、京承高速都市型现代农业走廊展示产业带、京津冀一体协作轴展示产业、精品蔬菜加工配送展示产业带、特种养殖展示产业带。

①蟹岛循环经济展示产业带。即以蟹岛度假村为代表的“农游合一”循环经济展示产业带，按照“生态、环保、可持续”的发展理念，以生态农业为轴心，依据生物链原理，打造环保、高效、和谐的循环经济生态园区，不仅常年生产新鲜的有机农产品，而且营造田园式生态环境，形成生产与观光联动、农游合一的循环经济发展产业带。

②京承高速都市型现代农业走廊展示产业带。即以京承高速沿线的郎枣生态园、全美樱桃园等为代表，以农业观光、采摘体验为特色，通过开发农业多功能，拓展农业观光体验空间，形成既是城市居民乐园，又是农民增收市场；既是城市高速，又是都市型现代农业橱窗的观光休闲农业展示产业带。

③京津冀一体协作轴展示产业带。运用空间相互作用理论，利用原京津塘

高速与京津冀城市联系主通道的优势，以京津冀一体化加快发展为契机，依托沿线因城乡一体化加快发展而形成的空间，鼓励京津冀优质企业参与沿线区域规划建设，增强对京津冀地区的生产性服务功能，形成京津冀都市圈的重要协作通道展示产业带，发挥会展农业的辐射功能。

④精品蔬菜加工配送展示产业带。以精品蔬菜加工配送为特色，通过格林万德、方圆平安、永顺华公司等龙头企业带动①，形成高端的集种养、加工、配送和销售于一体的完整产业带。

⑤特种养殖展示产业带。通过挖掘养殖产品的特殊利用价值以及新奇性和特殊性，以水产科技园为核心，打造特种养殖展示产业带，提升经济效益和附加值。目前，水产科技园发展“蓝鲨”等特种鱼养殖，实行标准化和无害化生产，成为全国“两会”淡水鱼特供单位；观赏鱼养殖发展中心传承千年宫廷金鱼养殖文化底蕴，利用现代科学技术进行专业化生产，产品远销英、法、美、日等 20 多个国家。今后，要进一步提高特种养殖的科技水平，并在科技园内将水产养殖、孵化、垂钓和娱乐休闲等融为一体，集聚发展。

---

① 格林万德以北京为总部，在 11 个省市建立 1.2 万亩基地，精品蔬菜远销 5 个国家和地区，并在 2008 年奥运期间承担了八大场馆的供餐工作；方圆平安是国家级农业产业化龙头企业，在 12 个省市建有 23.6 万亩蔬菜种植基地，除供应首都市场外，每年还出口蔬菜 3 000 吨；永顺华公司带领周边农户种植绿色蔬菜，进行净菜加工包装，每天为全市 80 多家超市供货，促进了农民增收致富。

第八章　促进北京会展农业发展的对策建议

一、北京会展农业发展应考虑解决的问题

近年来，北京会展农业得到蓬勃发展，经济和社会效益日益凸显。然而，相对于都市型现代农业其他较成熟的实现形式而言，会展农业在北京乃至全国尚属于新生事物，其现行产业定位、管理体制、资源整合、人才支撑及配套政策等与加快会展农业高水平发展的要求还不太相适应，尤其是在“三散一低”的四个方面值得我们重视和深思。

（一）资源分散

通过实地调研发现，伴随着会展农业的发展，北京各区县“建场馆，办展会”、“挖资源，办节庆”的热情都较高，但因对会展农业认识不足，对自身特色优势定位不清，导致缺乏科学规划，展会、展销和节庆分散、无序及低水平重复发展，以及存在场馆设施数量增加与结构失衡，后续监督缺失与利用率不高等现象。这些不仅易导致各区县间的模糊及恶性竞争，更将造成会展资源的浪费和营销促销效率的降低，不利于会展农业规模效益和集聚效果的形成。如根据第三章表 3－2，目前北京各区县在建和拟建会展项目共 16 项，分布在怀柔、丰台、房山和延庆等 11 个区县，由于其中有些项目并没有经过全市统一的规划和论证，建成投入运营后，将出现场馆闲置和资源浪费等现象。

（二）主体分散

目前，北京会展农业所形成的“政府主导、行业组织联动、企业带动、农户参与”的运行模式诚然取得了良好的效果，但不同类型的制约因素依然存在。如近几年盛行的各类农事、节庆活动，以及兴起的申办世界级的展会过程中，对于“谁申请、谁承办、谁主办”等机制问题有待认识和规范。如何进一步梳理政府、行业组织、企业和农户之间的结构、功能和关系，如何培育会展农业的市场主体，在北京会展农业的不同发展阶段形成更为有效的运行机制，

将成为会展农业发展的核心和焦点。

（三）人才分散

会展农业以会展为纽带，而办会的关键在人才。与国外会展业发达城市相比较，首都会展业缺乏资金雄厚、竞争力强的大型专业会展服务公司，也没有一支稳定的专业化队伍。近年虽有国外知名会展公司纷纷来华设立分支机构（见附表5），但北京或中国的大型跨国展览公司尚处于缺位状态。2010年北京会展业从业人员约21.37万，会展专业人才岗位空缺与求职者的比例约为8∶1，会展业有经验的高级项目经理不足50人。既懂会展设计又懂管理和农业的三合一的复合型人才更是缺乏。在人才培养方面，北京三所农林高等院校仅北京市属高校北京农学院开设了会展专业，且为高职层面的大专生，远不能满足高速发展的会展农业的需求。所以加强会展农业人才的培养已成当务之急。

（四）整体效益低

由于以上资源分散、主体分散和人才分散等问题的存在，会展农业的运行在整体效益上尚处于低位状态。目前，由于对会展农业的认识还不统一，产业定位还不明确，存在将会展农业等同于办农业会展、等同于农业节庆等各种观点，导致了重办会、轻农业的现象，由此产生的缺乏对会展农业产值的统计分析，缺乏以会展带动农业产业发展的工作机制，缺乏会展农业的全产业链条打造等问题都亟待解决。

二、促进北京市会展农业发展的对策建议

“十二五”期间，北京市应围绕建设“三个北京”、“五个之都”和“世界城市”的战略思想，以及北京“十二五”发展规划，结合北京会展农业发展的现状和经验，科学布局规划，针对目前存在的主要问题，积极借鉴国外世界城市会展农业的成功经验，在进一步转变政府职能的同时，继续加强政府及有关部门对北京会展农业的引导及协调，以市场化发展为方向，以会展农业利益方为主体，以资本运作为纽带，优化运营机制，促进北京会展农业迈向新的更高的阶段。

（一）组建会展农业协调组织机构

目前亟须成立北京市会展农业协调组织机构，负责协调与北京市发改

委、财政局、商委、科委、地税局、园林绿化局及水务局等部门的沟通工作，并采取联席会议制度，定期召开会议，负责会展农业日常监督、考核、引导、培训等事宜，解决会展企业发展中遇到的实际问题。同时，研究和制定全市会展农业发展战略和总体规划，出台和实施相关管理办法和促进政策，加强会展农业的宏观指导和市场化、品牌化培育。在会展农业较为发达的区县设立相应的会展农业管理机构，以加强区县会展农业的指导和管理。

（二）成立会展农业行业协会

由政府引导，由会展公司、会展农业相关的生产龙头企业和种植大户，按照公平、公开、公正原则组建北京市级及区级会展农业行业协会，并定期召开会议，工作方式采取市、区县、乡村三级联系会议制，充分发挥其协调和信息沟通工作。其主要职能为，一是开展行业自律、规范和监督，如协会可通过制定行业标准、市场规范来进行行业协调和自律，并通过第三方认证和评估，合理引导行业发展，同时为政府部门决策和管理提供技术支持；二是促进政府和企业的联络和沟通，理顺政府和企业的关系，同时减少政府和企业双方的信息成本；三是增进行业间及国家间的交流和合作，促进北京会展农业的国际化发展。

（三）加大场馆资源的整合及优化

对新建或改扩建场馆及配套设施等项目进行统一规划，以加快整合现有场馆资源；固定在几个较大规模的场馆举办大型涉农会展，以统筹资源利用，加速产业聚集效应的形成；通过鼓励巡回办展，为世界知名会展公司提供场地等举措提升场馆使用率；同时充分利用各类批发市场，拓展现货交易的会展空间，打造信息平台。

（四）举办更多学术会议，并拓展为会展农业大会

结合目前北京正在打造和形成的六大会展农业产业带和十二大会展农业产业基地，积极申办继第七届世界草莓大会、第十八届国际食用菌大会、第七十五届世界种子大会、第十一届世界葡萄大会及第四十四届国际养蜂大会之后，由国际著名学会、协会等组织发起的花卉、西瓜、渔业和桃等与北京会展农业优势产业相关的国际学术会议，并将其拓展为相关农产品的会展农业大会（见附表6）。摸清申办程序、总结举办规律，提升办会效益。

（五）制定并出台配套扶持政策

一是落实扶持资金，从每年财政预算中列出北京会展农业促进专项基金，由北京市会展农业协调组织机构统筹管理，用于扶持展览组办企业举办国内外有影响力的品牌涉农会展支持，北京市农产品生产及加工企业、合作社出京和出国参展经费支持，以及会展农业的市场宣传推广、信息发布等服务支持。

二是鼓励涉农会展企业依托国际、国内两个市场，通过联合、兼并、参股等形式，实行多元化、跨地区和跨行业经营，以培植出一批实力雄厚、竞争力较强的会展利益主体，并扶持其向集团化发展。

三是对发展会展农业列入国家、市重点项目的，要给予优先考虑用地指标，对于涉及的非农建设用地，其选址应符合土地利用总体规划，并依法办理用地手续。

（六）建立并完善会展农业统计体系

在会展农业分管和协调组织机构牵头下，由市统计局具体承担，并由市及各区县相关部门、行业协会、会展场馆及会展举办相关单位等积极配合，确定会展农业的考核评价体系和统计分析体系，建立会展农业的统计分析制度。这主要包括对涉农会议、展览、展销、节庆、农事等活动的会展设施状况、国内外参展商和参观者的人员构成情况、展会收益、产业规模、产业发展、产业支撑、产业组织化程度、产业影响力和产业经济效益等相关统计指标的确立、调查和统计，并建立会展农业信息服务平台，完善会展信息定期发布制度，为产业发展评估和产业政策制定提供科学依据。

（七）加强会展农业人才培训

一是依托北京高校资源培养会展农业专业人才，通过高等教育，提升人才质量。

二是依托会展企业加快会展农业人才培养基地建设；通过企业实训，提高从业人员的组织及管理水平。

三是依托本土和国外资源，通过“走出去，请进来”等多种途径，挖掘、培养一大批乡村文化人才，调动广大农民发展会展农业的积极性；同时，积极学习国际先进经验，引进国外管理策划专家，促进北京会展农业发展的国际化并轨。

附表

附表1　2010年北京涉农会展一览表

序号	会展名称	会展时间	会展举办地点	会展主办单位	会展承办单位	会展主要内容
1	第五届全国畜牧兽医人才招聘会	2010年3月6日至4月12日	中国农业大学	中国动物保健品协会、中国农业大学就业指导中心联合主办		人才交流会
2	2010年第七届中国（北京）国际烘焙展览会	2010年4月10～12日	中国国际展览中心	中国食品工业协会、北京爽朗展览服务有限公司、北京世博联展览服务有限公司	北京爽朗展览服务有限公司、北京世博联展览服务有限公司、中国食品工业协会市场发展部	1. 从事食品、装饰品及食品代加工； 2. 专用油脂、奶油、淀粉、土豆制品； 3. 面粉改良剂、香精、色素； 4. 馅料、果料； 5. 焙烤设备及器具、手艺焙烤配备及器具； 6. 食品馅料炒锅、夹层锅； 7. 饼干生产设备、原辅料及包装等； 8. 月饼包装、馅料、模具及生产设备； 9. 食品包装机械； 10. 饼房、咖啡厅生产设备； 11. 肉松、仿真食品模型等蛋糕装饰材料； 12. 展示柜、储藏与冷藏柜； 13. 咖啡、咖啡制品、咖啡加工设备； 14. 焙烤技术、书刊

（续）

序号	会展名称	会展时间	会展举办地点	会展主办单位	会展承办单位	会展主要内容
3	第八届中国（北京）国际食品加工与包装机械展览会	2010年4月10～12日	中国国际展览中心	中国食品工业协会	北京爽朗展览服务有限公司	1. 食品加工机械，食品包装设备及其相关技术； 2. 果品蔬菜加工设备； 3. 包装设备，纸浆模塑设备、纸箱纸板设备，纸盒、纸杯、封口机； 4. 烘焙设备，月饼、面包、饼干等糕点生产设备； 5. 啤酒饮料灌装设备，喷码； 6. 乳制品加工设备，均质机； 7. 肉类加工屠宰设备，冷冻冷藏设备，保鲜真空包装设备； 8. 油脂加工包装设备，咖啡巧克力糖果加工包装设备； 9. 医药； 10. 塑料机械设备，印刷机，塑料编织设备，注塑机，制瓶制罐设备； 11. 商用通用设备，酒店用品
4	2010第十二届中国国际花卉园艺展览会	2010年4月14～17日	北京展览馆	中国花卉协会	长城国际展览有限责任公司、上海国际展览中心有限公司	鲜切花、盆花、草花；观叶植物、盆景；种子、种苗、种球；草坪、观赏苗木；生物组培、栽培技术及设备；花肥、介质、病虫害防治；温室设备、灌溉设备、园林机械、园艺工具；花盆、花瓶、插花布置、包装材料、干花、人造花、装饰植物；园林绿化工程、养护材料及配套技术、屋顶绿化、垂直绿化、园林小品、水景喷泉、花园家具、防腐木制品

（续）

序号	会展名称	会展时间	会展举办地点	会展主办单位	会展承办单位	会展主要内容
5	2010 第三届国际食品安全高峰论坛	2010 年 4 月 15～16 日	北京新世纪日航饭店	北京食品学会	北京食品学会	实验室分析检测仪器设备；食品安全快速检测仪器及试剂；食品微生物检测仪器设备；食品包装检测仪器设备；食品金属异物检测仪器设备；转基因食品检测仪器设备；食品成分分析检测仪器设备；食品安全测试及认证服务；食品安全追溯系统及应用软件；食品安全综合技术及解决方案
6	2010 中国国际薯业博览会	2010 年 4 月 15～17 日	全国农业展览馆	农业部农业贸易促进中心、中国国际贸促会农业行业分会	中国作物学会马铃薯专业委员会、中国食品工业协会马铃薯食品专业委员会、中国淀粉工业协会马铃薯淀粉专业委员会	1. 设备与技术：生产、检验、包装设备，加工技术与设备，保鲜储藏设备与技术； 2. 薯类及加工产品：鲜薯、薯类加工品，包括全粉、淀粉、变性淀粉、薯条、薯片、薯干、膨化食品及其薯类衍生品等； 3. 薯类及生产资料：脱毒种薯繁育化学试剂和消耗品、病虫害防控药剂、专用肥料等其他相关农业生产资料等； 4. 咨询服务：网络商务平台、行业信息服务
7	中国（北京）国际餐饮·食品业供应与采购博览会	2010 年 5 月 3～7 日	北京展览馆	中国烹饪协会、北京烹饪协会	中烹协经济技术开发公司、北京超异国际展览公司承办	1. 调味品、原辅料及配料； 2. 饮料及乳品配料：果蔬菜、农副产品、豆制品、粮油产品、肉类及其加工制品、海产品、禽蛋类产品、香肠、鱼肉类； 3. 食品包装材料及用品、食品模具、食品保鲜设备、制冷设备、食品加工机械等； 4. 快速消费品、餐具、餐厅用品； 5. 消毒用品、果蔬清洗加工设备； 6. 厨房设备； 7. 餐饮软件； 8. 专业书、画、刊； 9. 职业装等

（续）

序号	会展名称	会展时间	会展举办地点	会展主办单位	会展承办单位	会展主要内容
8	2010第十届中国（北京）国际绿色食品及有机食品展览会	2010年5月7～9日	中国国际展览中心（老馆）	中国保健营养理事会、中国老年营养与食品专业委员会	北京世博威国际展览有限公司	1. 有机展区：有机水果和蔬菜、有机农牧产品、有机大米、杂粮、有机植物油、有机肉类及蛋类产品等； 2. 绿色展区：绿色健康食品、农副土特产品、水产品、菌类产品、新资源食品、民族特色产品及土特产、海洋生物制品、微量元素制品、蜂产品、植物提取物等； 3. 糖、酒、茶、奶类：各种食用糖、红酒、葡萄酒、果露酒、白酒、黄酒等，茶、乳品及奶制品、各种奶粉及豆奶制品； 4. 食品饮料生产技术与设备：食品冷冻、清洗、杀菌、消毒、保鲜、加工等技术及设备等
9	2010第四届中国（北京）国际健康营养食用油产业博览会	2010年5月7～9日	中国国际展览中心（老馆）	中国保健营养理事会、中国保健营养理事会高端食用油委员会	中国保健营养理事会、中国保健营养理事会高端食用油委员会、北京世博威国际展览有限公司	1. 高端植物油； 2. 非转基因食用油； 3. 精炼棕榈油、其他坚果食用油等； 4. 其他营养保健型食用油； 5. 各种调味油； 6. 合成高档保健油、合成高档营养油、高档营养配方油； 7. 各种油料作物； 8. 食用油相关设备

（续）

序号	会展名称	会展时间	会展举办地点	会展主办单位	会展承办单位	会展主要内容
10	2010 中国畜牧业暨饲料工业展览会	2010 年 5 月 16～18 日	北京九华国际会展中心	中国畜牧业协会、中国饲料工业协会、全国畜牧总站	北京九华国际会展中心	1. 饲料展区：①饲料原料②饲料添加剂、特种饲料等③饲料产品质量检测仪器设备等④饲料机械等⑤饲料科技及媒体； 2. 畜牧业展区：①种畜禽②兽药及动物保健品③优质畜产品④畜牧等机械⑤畜牧科技与媒体⑥草业展区⑦宠物展区犬、猫等宠物用品⑧生物能源展区； 3. 全球生物能源展区：沼气技术与产品应用等
11	2010 北京国际现代农业展览会	2010 年 6 月 28～30 日	全国农业展览馆	北京市农业局、中国农业工程学会、科技部中国农村技术开发中心、中国农村能源行业协会、北京国际科技服务中心	北京雄鹰国际展览有限公司	1. 农业高新技术展区：农业大专院校、科研院所的科研成果等； 2. 农业机械展区：农业运输动力机械等； 3. 温室及节水灌溉展区：整体温室等； 4. 农产品加工和贮藏机械展区：粮食及油脂加工机械等； 5. 畜禽牧养殖机械展区：牧草机械等； 6. 农村可再生能源展区：太阳能热水器等； 7. 品牌农产品展区：重点展示品牌农产品与农副产品等
12	2010 年第八届中国国际肉类工业展览会	2010 年 6 月 29 日至 7 月 1 日	北京展览馆	世界肉类组织、中国肉类协会	北京众悦傲立展览有限公司	肉类与畜禽蛋加工技术及产品；机械与设备：肉类与禽类屠宰设备、肉类与禽蛋产品加工设备等；低温物流设备与技术：肉类产品冷藏及冷冻设备等；包装物料；添加剂、调味品；最新科研成果展示与推广

（续）

序号	会展名称	会展时间	会展举办地点	会展主办单位	会展承办单位	会展主要内容
13	2010北京国际儿童及婴幼儿食品博览会	2010年7月9～11日	中国国际展览中心（老馆）	中国食品发酵工业研究院、国家食品质量监督检验中心	北京金润国际会展有限公司	1. 乳制品类； 2. 儿童食品类； 3. 保健品类； 4. 饮料类：儿童饮料，清凉饮料及儿童教育机构； 5. 其他类：儿童教育机构、专业书籍及相关原料等
14	2010全国第六届堆肥技术与工程研讨会	2010年7月23～27日	北京亚奥国际酒店	中国农业大学、中国农业机械科学研究院、北京市土肥工作站	中国农业大学资源与环境学院	1. 国家产业政策及国内外进展； 2. 堆肥化技术及工艺； 3. 堆肥处理厂建设及运营； 4. 堆肥产品及应用； 5. 堆肥企业示范及经验交流：装备参观、产品展示、经验交流等
15	2010中国北京国际冷链展	2010年8月10～12日	中国国际展览中心（老馆）	中国物流技术协会、全国物流标准化技术委员会、冷链物流分技术委员会、金振发（北京）咨询策划有限公司	金振发（北京）咨询策划有限公司	1. 冷冻生产、加工、零售企业； 2. 提供冷链物流服务的运输、仓储、配送、信息等物流企业，冷链物流园区、物流中心； 3. 冷链技术及设备、制冷系统及机组、空调设备、气调设备、冷藏设备、冷库及冷库设计/建设、通风设备、速冻设备、库体材料、冷库库门、制冷辅件、电控系统、冷链仓储设施、RFID、信息采集与管理、运输专用车辆及车载制冷机、温度监控系统及检测设备、厢体保温材料、保温箱及保鲜包装、蓄冷设备、清洁设备企业

（续）

序号	会展名称	会展时间	会展举办地点	会展主办单位	会展承办单位	会展主要内容
16	2010 国际健康生活方式博览会——营养·美食·运动博览	2010 年 9 月 1～3日	中国国际贸易中心	卫生部、科技部、中国科协、北京市人民政府	北京华进有限公司	健康食品类、功能食品类、食用油脂类、酒水类、临床营养类、健康餐厅、运动休闲食品类、营养综合类、运动及瘦身类
17	2010 中国国际集约化畜牧展览会	2010 年 9 月 6～8日	中国国际展览中心（新馆）	全国畜牧总站	北京太克会展中心 VNU 欧洲展览集团	养猪业、家禽业、反刍动物、渔业、饲料及饲料机械、饲养设施及设备、动物保健及制药机械、肉制品生产加工及其设备、奶制品生产加工及其设备、蛋制品生产加工及其设备、牧草及机械、动物品种改良技术及其相关仪器设备、各种包装技术及设备等
18	中国国际啤酒饮料制造技术及设备展览会	2010 年 9 月 7～10日	中国国际展览中心（老馆）	中国建材轻工机械集团公司（原中国轻工业机械总公司）	北京中轻合力机械设备有限公司	啤酒生产技术及设备；饮料生产技术及设备；乳品、液态食品技术及设备；啤酒、饮料包装技术及设备；检测、控制技术及设备；配套技术及设备；资源再生技术及设备；环境保护技术及设备；配套件；包装容器；实验室设备；咨询及服务；其他酒类生产技术及设备；生产原料、添加剂；安全生产；专业媒体、专业机构
19	2010 年第十八届北京种子大会	2010 年 9 月 12～15 日	丰台体育中心	北京市农村工作委员会、北京市农业局、北京市丰台区人民政府	北京市种子管理站、北京种子协会、北京市丰台区农村工作委员会、北京富四方种苗研究中心	1. 粮田种子、蔬菜种子、花卉种子、牧草种子、苗木； 2. 种衣剂、植物生长激素、农药、化肥； 3. 种子检验、加工、包装等仪器； 4. 种子包装印刷新技术、新工艺； 5. 农业科技新技术、新成果、新产品、新项目

（续）

序号	会展名称	会展时间	会展举办地点	会展主办单位	会展承办单位	会展主要内容
20	2010北京国际食品饮料博览会	2010年9月14～16日	中国国际展览中心	中国食品发酵工业研究院	北京金润国际会展有限公司	1. 食品及休闲零食展区：焙烤食品及糖制品，糖果糕点副食等； 2. 农副产品及粮油综合展区：肉制品及海产品等； 3. 农产品展区：特色农副产品等； 4. 酒饮、乳品、饮料区； 5. 调味品、配料、调料展区
21	第六届中国国际有机食品和绿色食品博览会	2010年9月20～23日	国家会议中心	商务部外贸发展事务局、环境保护部有机食品发展中心、中粮集团有限公司、中粮集团、三利广告展览有限公司	中粮集团、三利广告展览有限公司	有机食品、绿色食品、地方特色食品、进口食品、红酒、茶与咖啡、婴幼儿食品及乳制品、水果、蔬菜、干果、休闲食品；食品机械，食品电子商务，食品保健品，媒体，信息组织
22	2010年第七届中国国际茶业博览会	2010年9月20～23日	国家会议中心	商务部外贸事务发展局、中国土产畜产进出口总公司、中华茶人联谊会、三利广告展览有限公司	三利广告展览有限公司	茶叶生产加工企业、茶叶流通企业、茶叶深加工企业、茶叶科技延伸物企业、茶饮料企业、茶包装企业、茶机械企业、茶器皿企业，茶文化交流机构和企业

（续）

序号	会展名称	会展时间	会展举办地点	会展主办单位	会展承办单位	会展主要内容
23	首届中国国际生态农业博览会	2010年9月22～24日	全国农业展览馆	商务部中国国际经济合作学会	北京联创绿洲节能环保科技发展有限公司	1. 高新技术成果、项目展区：农业企业、大专院校、科研院所的科研成果等，农业新技术、新成果等，农业微电子与计算机等； 2. 花卉园艺展区：①花卉与园艺②草坪与园林机械③观赏植物④仿真植物⑤温室与保鲜设备⑥基质与肥料⑦生物技术⑧其他； 3. 农资机械展区：储运设备、拖拉机、农机具、肥料生产设备等； 4. 旅游观光展区：乡村、农庄、山庄旅游景点及旅游产品等； 5. 农业服务展区； 6. 地方特色展区：无公害蔬菜、绿色水果、珍稀花卉、特色中草药、优质畜禽等； 7. 特别推荐展区； 8. 农副产品展区：农、林、牧、副、渔五业产品； 9. 生态礼品展区
24	首届全国农民专业合作社理事长论坛暨全国农民专业合作社产需展销会	2010年9月28日	北京顺义区人民政府会议中心	中国合作经济学会（其他学术团体）、北京市顺义区人民政府	中农信达企业集团、中国农民合作社信息网	

（续）

序号	会展名称	会展时间	会展举办地点	会展主办单位	会展承办单位	会展主要内容
25	2010年第九届中国国际园林景观建造与配套设施展览会	2010年10年28～31日	北京展览馆	建设部、中国建筑文化中心	住房和城乡建设部住宅产业化促进中心、中国建筑文化中心、中国房地产业协会、北京市住房和城乡建设委员会	1. 景观主题艺术展区； 2. 木塑、防腐木及景观建筑材料； 3. 户外家具及休闲用品； 4. 花卉园艺产品
26	2010中国国际服务贸易博览会——有机食品交易会	2010年11月13～15日	中国国际展览中心（老馆）	中国国际贸易促进委员会	中国国际贸易促进委员会经济信息部、中国国际贸易促进委员会供销分会等	1. 有机粮食； 2. 有机蔬菜、水果； 3. 有机饮品； 4. 有机肉类及蛋类； 5. 有机速食食品、有机速冻食品； 6. 有机食品生产设备； 7. 有机生产资料； 8. 有机原料制成的日用化妆品； 9. 有机食品产业服务机构等
27	2010中国水博览会	2010年11月17～19日	国家会议中心	中国水利学会、法兰克福展览（上海）有限公司	北京江河博华会展有限公司、法兰克福展览（上海）有限公司	1. 饮水安全； 2. 防洪抗旱； 3. 节水设备和技术； 4. 水处理技术和设备； 5. 给排水设备和技术； 6. 灌溉； 7. 水信息化； 8. 水利水电设备和技术； 9. 仪器仪表； 10. 水土保持

（续）

序号	会展名称	会展时间	会展举办地点	会展主办单位	会展承办单位	会展主要内容
28	2011 北京国际食品春节订货会	2010 年 12 月 1～3 日	中国国际贸易中心	中国国际贸易中心、中国特产采购协会、泰国大米出口商协会、中国绿色产业协会	北京旺旅展览展示有限公司	1. 清真食品类； 2. 橄榄油及各种特种油； 3. 栗子及休闲食品； 4. 有机及健康绿色食品； 5. 番茄制品； 6. 葡萄酒及白酒、特制酒产品、各品牌啤酒； 7. 各地优质农产品及土特产展区
29	2010 年中国（北京）国际食品博览会（CIF）	2010 年 12 月 1～3 日	中国国际贸易中心	中国国际贸易中心、中国食品工业协会、中国绿色产业协会	北京朗盛世纪展览有限公司、北京旺旅展览展示公司	1. 有机及健康食品； 2. 清真食品类； 3. 橄榄油及各种特种油； 4. 栗子及休闲食品； 5. 番茄制品； 6. 葡萄酒

资料来源：根据北京会展网、中国农业会展网等资料整理。

附表 2　2011 年北京涉农会展一览表

序号	会展名称	会展时间	会展举办地点	会展主办单位	会展承办单位	会展主要内容
1	第二届中国农民合作社（理事长）年会	2011 年 1 月 7～9日	人民大会堂	农业部中国农业信息杂志	北京沅鹏伟业文化交流中心	
2	2011 全国农民专业合作社产品进京年货订购会	2011 年 1 月 9～10日	中国国际商品交易基地	中农信达集团	中国农民合作社信息网	
3	农业项目投资大会	2011 年 1 月 20～22 日	中国农业产业发展研究中心	中国农业产业发展研究中心	北京佳世恒业文化发展有限公司	1. 国家 2011 年度支农政策动态； 2. 国家发改委支农政策及项目介绍； 3. 国家农业部支农政策及项目介绍； 4. 国家财政部支农政策及项目介绍； 5. 国家科技部支农政策及项目介绍； 6. 商务部农产品现代流通综合试点资金申报程序与要求； 7. 银行信贷申请介绍； 8. 涉农项目融资能力建设
4	第六届全国兽药行业人才招聘会	2011 年 3 月 16 日	中国农业大学	中国动物保健品协会、中国农业大学就业指导中心		1. 中国兽药行业及相关行业企业； 2. 全国农业及北京地区高等院校 2011 届本专科毕业生，硕士、博士毕业研究生

（续）

序号	会展名称	会展时间	会展举办地点	会展主办单位	会展承办单位	会展主要内容
5	北京春季种子交易会	2011 年 3 月 18～20 日	京瑞宾馆	北京种子协会、北京市新发地宏业投资中心、北京新发地农副产品批发市场中心	北京新发地种子交易市场、北京新发地新丰种子进出口有限责任公司	1. 种子类：蔬菜种子、大田种子、花卉种子、草籽及其他农作物种子现货交易； 2. 农药类：杀虫剂、杀菌剂、除草剂、生物农药、环保农药、植物激素、种衣剂； 3. 农肥类：各种化肥、叶面肥、复合肥、生物肥、有机肥等各类农肥； 4. 种子检验、加工、包装等仪器、设备的展销； 5. 农业高新技术，各种名、特、优、新品种展示； 6. 品种转让、拍卖、大型企业集中展示、宣传
6	第三届全国杂粮产业大会	2011 年 3 月 29～30 日	北京温都水城湖湾西区酒店	中国农学会特产分会、全国杂粮联盟、全国杂粮产业专家团、吉林省农特产品加工协会	吉林省农特产品加工协会	杂粮种子与原料（高粱、小米、糜子、荞麦、燕麦、大麦、黑小麦、绿豆、红小豆、芸豆、黑豆、蚕豆、鹰嘴豆、特用玉米、薏米、芝麻、紫苏、亚麻籽、薯类），杂粮加工产品及辅料添加剂，杂粮加工设备与包装物，相关生产资料
7	第四届中国（北京）国际食品、饮料包装制品展览会	2011 年 4 月 8～10日	中国国际展览中心（老馆）	中国食品工业协会	北京铭世博国际展览有限公司	1. 食品、饮料包装材料展区：塑料包装材料、纸材料、复合材料、辅助材料、金属材料、防伪材料、玻璃材料、烫金材料、其他包装材料等； 2. 食品、饮料包装设计及印刷服务展区：食品与饮料产品外包装设计服务、塑料印刷、彩盒印刷、精品印刷、纸类印刷、纸箱印刷、彩印包装、丝网印刷等

（续）

序号	会展名称	会展时间	会展举办地点	会展主办单位	会展承办单位	会展主要内容
8	2011第三届中国国际新能源产业博览会	2011年4月8～10日	中国国际展览中心（老馆）	中国高科技产业化研究会、中国国际贸易促进委员会建设行业分会、国家太阳能光伏产品质量监督检验中心、中国可再生能源学会光伏专业委员会、中国可再生能源学会生物质能专业委员会、中国农村能源行业协会、中国国际商会建设行业商会	北京市新能源与可再生能源协会、北京泰格尔展览有限公司	1. 光伏四新展区：农村光伏发电系统； 2. 生物质能展区：沼气技术、生物质固体颗粒燃料压缩成型设备； 3. 风能展区：气体发光光源、热辐射光源、新光源显示产品及应用等； 4. 其他新能源展区：煤炭清洁化利用等； 5. 公共展区：新闻媒体区等
9	2011第九届中国（北京）国际食品加工与包装设备展览会	2011年4月8～12日	中国国际展览中心	中国食品工业协会、北京爽朗展览服务有限公司、北京世博联展览服务有限公司	北京爽朗展览服务有限公司	食品加工机械、食品包装设备及其相关技术、食品检测检验分析仪器及设备和相关机构等；果品蔬菜加工设备、金属检测设备、包装材料及其相关技术、包装设备；纸浆模塑设备、商用通用设备；酒店用品；自动售货机；不锈钢制品、管道、阀门泵、变速传动设备、仪器仪表
10	2011年第八届中国（北京）国际烘焙展览会	2011年4月8～10日	中国国际展览中心	中国食品工业协会、北京爽朗展览服务有限公司、北京世博联展览服务有限公司	北京爽朗展览服务有限公司、北京世博联展览服务有限公司	馅料、焙烤设备及器具、手艺焙烤配备及器具、焙烤产品与制成品食品馅料炒锅、饼干生产设备、原辅料及包装等，月饼包装、馅料、模具及生产设备食品包装机械、生产设备、原辅料及用品等；展示柜、冰淇淋冷藏柜、储藏与冷藏柜、店面装饰；咖啡、咖啡制品、咖啡机、咖啡加工设备，焙烤技术等

（续）

序号	会展名称	会展时间	会展举办地点	会展主办单位	会展承办单位	会展主要内容
11	2011第七届全国（北京）焙烤展览会	2011年4月13～15日	全国农业展览馆	中国焙烤食品糖制品工业协会	北京华贸时代国际会展有限公司	1. 馅料、果酱、果料、果浆、果膏、水果罐头，月饼、糕点辅料； 2. 焙烤食品及相关农副产品； 3. 展示柜、冷藏柜、储藏柜、货架； 4. 冷藏仓储设备、咖啡原料、咖啡加工设备
12	第四届北京国际葡萄酒及烈酒展览会	2011年4月17～19日	全国农业展览馆	中国国际贸易促进委员会农业行业分会	北京金万洲会展服务有限公司	1. 各个品种的葡萄酒； 2. 葡萄酒器具以及相关产品、葡萄酒书籍杂志、媒体、培训机构和服务机构等
13	2011中国（北京）国际茶业及茶艺博览会	2011年4月20～22日	北京展览馆	农业部农业贸易促进中心、中国贸促会农业行业分会、中国贸易报社	中国贸易报、茶周刊、北京京成国际展览展示有限公司	1. 六大茶类：绿茶、红茶、黄茶、白茶、乌龙茶（青茶）、黑茶； 2. 再生茶类：花（草）茶、紧压茶、浓缩茶、果味茶、保健茶、茶饮料、茶保健食品、礼品茶、茶叶提炼产品； 3. 茶叶包装； 4. 泡茶水； 5. 茶叶加工； 6. 茶叶销售； 7. 茶工艺类； 8. 茶叶机械； 9. 茶器具类

（续）

序号	会展名称	会展时间	会展举办地点	会展主办单位	会展承办单位	会展主要内容
14	2011中国国际薯业博览会	2011年4月20～22日	全国农业展览馆	农业部农业贸易促进中心、中国国际贸促会农业行业分会		1. 育种与种薯繁育：薯类新品种等； 2. 设备与技术：生产、检验、包装设备，加工技术与设备； 3. 薯类及加工产品：鲜薯等； 4. 薯类生产资料：脱毒种薯繁育化学试剂和消耗品等； 5. 咨询服务：网络商务平台、行业信息服务
15	第四届中国北京国际食品安全高峰论坛	2011年4月21～22日	九华国际会展中心	北京食品学会、北京食品协会	北京食品学会食品安全工作委员会、太平洋国际展览（北京）有限公司	当前食品安全的形势与主要问题、食品中异物检测方法与技术、国家食品安全管理政策与最新动态、食品安全的科技创新与发展方向、三聚氰胺检测方法与技术、食品微生物检测方法与技术、农兽药残留检测方法与技术、食品中异物检测方法与技术、食品安全快速检测方法与技术、食品供应链监控与追溯技术、食品生产加工质量控制技术等
16	2011第六届中国（北京）餐饮·食品业供应与采购博览会	2011年5月6～8日	北京展览馆	中国烹饪协会	中烹协经济技术开发公司、超异国际展览公司	食品；肉制品；水产品；蓄禽蛋类产品；粮油、果蔬；农产品；酒水；饮品；食品配料、餐饮原材料；调味品；冷冻、冷藏、保鲜技术与设备；厨房设备；快餐设备；小型食品加工设备；酒店用品；食品包装材料及加工设备；消毒与清洁洗涤设备及用品；餐饮配送、快餐车等

（续）

序号	会展名称	会展时间	会展举办地点	会展主办单位	会展承办单位	会展主要内容
17	2011 北京国际食品添加剂、配料及天然健康原料展览会	2011 年 5 月 7～9日	中国国际展览中心（老馆）	中国保健营养理事会美国国际健康产品协会	北京世博威国际展览有限公司	1. 食品添加剂； 2. 食品配料； 3. 天然健康食品原料； 4. 相关材料、设备、技术：食品包装机械、包装材料、食品加工设备、食品添加剂、配料和天然健康原料生产应用技术、专业刊物和媒体等； 5. 食品安全技术设备
18	2011 第五届“国家油博会”	2011 年 5 月 7～9日	中国国际展览中心（老馆）	中国保健营养理事会、高端食用油专业委员会	北京世博威国际展览有限公司	1. 高端植物油； 2. 非转基因食用油； 3. 精炼棕榈油、其他坚果食用油等； 4. 其他营养保健型食用油； 5. 各种调味油； 6. 合成高档保健油、合成高档营养油、高档营养配方油； 7. 各种油料作物籽、紫苏籽、亚麻籽、杏仁、松子及其他特种油原材料等； 8. 食用油相关设备
19	第十一届中国（北京）国际有机食品和绿色食品展览会	2011 年 5 月 7～9日	中国国际展览中心（老馆）	国家有机产业联盟、中华有机与自然食品协会、中国国际健康产业博览会组委会	北京世博威国际展览有限公司	1. 有机绿色食品类； 2. 有机绿色饮品类； 3. 有机绿色调味类； 4. 食品饮料配套技术与设备

（续）

序号	会展名称	会展时间	会展举办地点	会展主办单位	会展承办单位	会展主要内容
20	2011第十一届中国（北京）国际营养健康产业博览会	2011年5月7～9日	中国国际展览中心（老馆）	中国保健营养理事会、中国医疗保健国际交流促进会、中国老年营养与食品专业委员会	北京世博威国际展览有限公司	1. 营养健康产品展区； 2. 保健产品展区； 3. 保健饮品展区； 4. 美容瘦身展区； 5. 天然药物展区； 6. 药品原料展区； 7. 保健品包装展区
21	2011第二届中国国际高端品牌饮用水推广交易会	2011年5月7～9日	中国国际展览中心（老馆）	中国保健营养理事会、中国保健医疗国际交流促进会	北京环球北方国际展览有限公司	矿泉水、纯净水、冰川水、生态水、苏打水、碱性水、矿物质水、深层海洋水、薄荷水、特色疗养水（餐前开胃水、解酒水、减肥水、三高水、美容水、糖尿病水）等
22	饲料和饲料添加剂评价技术研讨会	2011年5月10～12日	中国农业大学	农业部饲料效价与安全监督检验测试中心、动物营养学国家重点实验室		1. 饲料和饲料添加剂安全性和有效性评价国内外现状与展望； 2. 欧盟饲料及饲料添加剂安全性和有效性评价体系； 3. 美国FDA饲料及饲料添加剂安全性和有效性评价体系； 4. 靶动物饲料安全性和有效性评价技术； 5. 饲料安全性和有效性检测技术； 6. 饲料质量安全快速检测技术； 7. 饲料毒性评价技术； 8. 饲料添加剂稳定性评价技术

（续）

序号	会展名称	会展时间	会展举办地点	会展主办单位	会展承办单位	会展主要内容
23	2011 第二届北京国际现代农业展览会	2011 年 5 月 11～13 日	北京农业展览馆	中国农业工程学会、中国农业机械学会、中国农村能源行业协会、北京国际科技服务中心	北京雄鹰国际展览有限公司	农业高新技术展区、温室及节水灌溉展区、农业机械展区、农村可再生能源展区、新型肥料农药展区、品牌农产品展区
24	2011 第十四届中国（北京）国际科技产业博览会	2011 年 5 月 18～22 日	中国国际展览中心（老馆）	中华人民共和国商务部	北京市贸促会	1. 集成电路和电子元器件、计算机和软件等； 2. 生物工程与医药、农业生物技术、生物技术食品等； 3. 环境保护产业、环境管理、节约能源； 4. 新材料与新能源、化工新材料等； 5. 现代农业与绿色技术、优质，高产，高效农业； 6. 现代工程与先进制造技术、工程及加工机械、微型机械等
25	2011 第八届农民专业合作社运营模式发展高峰论坛	2011 年 5 月 24～26 日	中农信达企业集团总部	中农信达企业集团总部	中农信达企业集团总部	
26	第九届中国国际肉类工业展览会	2011 年 6 月 1～3日	中国国际展览中心（老馆）	世界肉类组织、中国肉类协会	北京禄易隆得展览有限公司	1. 畜禽养殖及育种技术； 2. 畜禽养殖设备及用品； 3. 包装物料； 4. 饲料加工技术及产品； 5. 添加剂、调味品； 6. 机械与设备：畜禽屠宰设备、畜禽及蛋制品加工设备等； 7. 动物保健品：兽药及原料、药物添加剂等； 8. 低温物流设备与技术：肉类产品冷藏及冷冻设备、终端销售保温储藏设备等

（续）

序号	会展名称	会展时间	会展举办地点	会展主办单位	会展承办单位	会展主要内容
27	第四届中国国际农业产业峰会	2011年6月15～17日	北京港澳中心瑞士酒店	上海都赛商务咨询有限公司		会议
28	第七届全国鲜食玉米大会	2011年7月28～29日	北京温都水城·湖湾西区酒店	全国鲜食玉米联盟、玉米深加工国家工程研究中心、国家玉米工程技术研究中心（吉林）、农特网、吉林省农特产品加工协会	北京市农林科学院玉米研究中心、北京农科玉米育种开发有限责任公司	鲜食玉米优势品种评选；鲜食玉米产业峰会；全国鲜食玉米联盟盟员年会；速冻蔬菜产品研发交流会
29	中国首届农业奥林匹克大会	2011年8月8～21日	北京国家体育场奥林匹克中心区	北京奥运城市发展促进会	北奥集团、百市千店、天下粮仓国际产业集团	1. 无公害农产品、绿色食品、粮油、果蔬、糖酒等； 2. 农副产品类：各类名优特新农副土特产品、瓜果蔬菜等； 3. 三农文化：地方特色农业生态、农业文化旅游景点和特色餐饮文化展示； 4. 农业科技类：农业新技术、新成果、新产品、新项目，农业科技书刊、应用软件等
30	中国（北京）国际休闲食品展	2011年9月15～17日	国家会议中心	中国食品土畜进出口商会、农业部对外经济合作中心	北京世纪云翔国际展览有限公司	1. 炒货、树坚果、干果； 2. 油炸食品； 3. 糖果巧克力； 4. 蜜饯果脯； 5. 即食熟食制品； 6. 烘焙休闲食品； 7. 膨化食品； 8. 休闲罐头食品； 9. 方便食品； 10. 休闲饮料； 11. 无糖食品； 12. 相关原料、配料、机械、包装等

（续）

序号	会展名称	会展时间	会展举办地点	会展主办单位	会展承办单位	会展主要内容
31	第十九届北京种子大会	2011年9月19～22日	北京丰台	北京市农村工作委员会、北京市农业局、北京市丰台区人民政府	北京市种子管理站、北京种子协会、北京市丰台区农村工作委员会、北京富四方种苗研究中心、丰台种子协会	1. 种子、种苗生产、经营、加工等交流交易活动； 2. 种子检验、加工、包装等仪器设备展销； 3. 种衣剂、植物生长激素、农药交易洽谈； 4. 品种权转让，拍卖活动； 5. 种业高峰论坛及信息发布等活动； 6. 大型企业集中展示； 7. 农业高新技术、各种名、特、优、新品种展示及田间观摩
32	2011中国国际集约化畜牧展览会	2011年9月22～24日	中国国际展览中心	全国畜牧总站	北京太克会展中心、VNU欧洲展览集团	养猪业、家禽业、反刍动物、渔业、饲料及饲料机械、饲养设施及设备、动物保健及制药机械、肉制品生产加工及其设备、奶制品生产加工及其设备、蛋制品生产加工及其设备、牧草及机械、动物品种改良技术及其相关仪器设备、各种包装技术及设备
33	2011北京第十届园林景观展览会	2011年9月27～29日	北京展览馆	中华人民共和国住房和城乡建设部	住房和城乡建设部住宅产业化促进中心、中国建筑文化中心中国房地产协会等	1. 景观主题艺术展区：环境景观规划、建设； 2. 木塑、防腐木及景观建筑材料：防腐木制品、木塑制品及设备； 3. 户外家具及休闲用品：户外休闲家具、垃圾桶； 4. 花卉园艺产品：花卉、鲜切花、盆花、观赏植物

（续）

序号	会展名称	会展时间	会展举办地点	会展主办单位	会展承办单位	会展主要内容
34	2011全国优质水产品（北京）展示交易会	2011年9月30日至10月4日	全国农业展览馆	中国水产流通与加工协会	全国农业展览馆农产品流通促进中心	1. 水产食品交易区； 2. 海珍品交易区； 3. 附加值产品展示交易区； 4. 全国名优品牌螃蟹区； 5. 区域优势水产品区； 6. 台湾水产品区； 7. 海外进口水产品区
35	CLCE 2011中国低碳产品博览会	2011年10月9～11日	全国农业展览馆	中国科技企业联合会、环球商贸网	蒙达领航（北京）科技发展有限公司	1. 低碳食品区：低碳酒类、低碳饮料，再加上各种低碳酒类、低碳食品包装机械及各类绿色有机原料供应、生态农业产品等，各种名特优新食品、绿色食品、粮油食品、保健食品、休闲食品、速冻食品、烘焙食品、肉禽产品、调味品、乳制品、干果炒货、土特产品、农产品，各种酒类、饮料、茶叶、咖啡等低碳无碳健康食品等； 2. 低碳家园区； 3. 低碳酒店用品区； 4. 低碳能源区； 5. 低碳城市服务区； 6. 低碳生活用品区

（续）

序号	会展名称	会展时间	会展举办地点	会展主办单位	会展承办单位	会展主要内容
36	2011 中国水博览会节水灌溉展	2011 年 10 月 13～15 日	国家会议中心	中国水利学会、法兰克福展览（上海）有限公司	北京江河博华会展有限公司、法兰克福展览（上海）有限公司	1. 摇臂喷头、微喷头、滴灌带、滴灌管、滴箭、滴头、喷灌机等； 2. 地埋旋转喷头、散射喷头、控制器、解码器、中央控制系统等； 3. 庭院草坪浇灌设备； 4. 仪表、电磁阀、传感器、3S 技术、灌溉软件等； 5. 离心泵、潜水泵、深井泵、喷灌泵、闸阀、蝶阀、球阀、截止阀等； 6. 网式过滤器、施肥器、水溶肥等
37	第八届中国国际茶业博览会	2011 年 10 月 28～31 日	中国国际贸易中心	中华人民共和国商务部外贸发展事务局、中国土产畜产进出口总公司、三利广告展览有限公司	三利广告展览有限公司	
38	2011 第十二届中国国际食品加工和包装机械展	2011 年 11 月 2～4 日	中国国际展览中心（老馆）	中国食品和包装机械工业协会、中国包装和食品机械总公司	中展集团北京华港展览有限公司	1. 啤酒饮料灌装、封盖设备等； 2. 乳品加工设备，均质机备等； 3. 肉类加工屠宰设备等； 4. 烘焙设备，方便食品等； 5. 包装设备等； 6. 塑料机械设备等； 7. 油脂加工包装设备等； 8. 商用通用设备等； 9. 包装材料等

（续）

序号	会展名称	会展时间	会展举办地点	会展主办单位	会展承办单位	会展主要内容
39	2011中国国际渔业博览会	2011年11月14～16日	北京海淀展览馆	亚洲水产行业协会	北京明华国际展览有限公司	1. 水产品； 2. 各类水产加工设备； 3. 保鲜技术与设备； 4. 渔船渔具； 5. 水产养殖自动化设备及仪器； 6. 水质净化消毒系统； 7. 养殖网箱； 8. 水产种苗
40	2011ICE中国（北京）国际调味品、食品配料及食品添加剂产业博览会	2011年11月14～16日	全国农业展览馆	北京市调味品协会、黑龙江省调味品工业协会、陕西省供货商企业协会	永红国际展览（北京）有限公司	1. 调味品制造、经销企业； 2. 西餐调味品制造、经销企业； 3. 食品添加剂及食品配料制造、经销企业； 4. 包装、机械设备企业； 5. 包装材料、包装容器企业； 6. 调味品相关机构
41	2011（IEOE）国际食用油产业博览会暨2011中国国际营养食用油产业高峰论坛	2011年11月14～16日	全国农业展览馆	中国粮油学会油脂分会	永红国际展览有限公司	1. 传统营养食用油； 2. 传统保健食用油； 3. 特种保健食用油； 4. 健康营养调味油； 5. 食品加工用食用油； 6. 食用油化妆品； 7. 食用油配套产业； 8. 食用油添加剂； 9. 食用油配套产业； 10. 其他：专利产品、优势项目及最新科研成果等

（续）

序号	会展名称	会展时间	会展举办地点	会展主办单位	会展承办单位	会展主要内容
42	2011 中国（北京）国际海洋渔业及水产食品展览会	2011 年 11 月 14～16 日	全国农业展览馆	国际绿色产业协会	北京明华国际展览集团	1. 海产品、海鲜冻品海参制品及其他海产品； 2. 深加工产品、海鲜调味品及其他深加工产品； 3. 水产品海鲜调理产品； 4. 海洋捕捞产品水产技术项目合作
43	2011 中国（北京）国际有机食品展览会暨第二届有机食品发展高峰论坛	2011 年 11 月 14～16 日	全国农业展览馆	国家有机产业联盟	北京明华国际展览集团	1. 有机食品类； 2. 有机饮品类； 3. 地方优质特色农产品类
44	2011 中国（北京）国际食品饮料博览会	2011 年 11 月 14～16 日	全国农业展览馆	国际绿色产业协会、中国科学研究院绿色研究所、北京明华国际展览有限公司	北京明华国际展览有限公司	1. 休闲食品； 2. 乳制品及蛋类； 3. 高端进口食品； 4. 新鲜肉类、腌制肉类、高档美食； 5. 葡萄酒与烈酒； 6. 酒精饮料和非酒精饮料； 7. 犹太食品和清真食品； 8. 咖啡； 9. 水产食品； 10. 地方标志食品及特色农产品； 11. 食品机械及包装、储运技术设备

（续）

序号	会展名称	会展时间	会展举办地点	会展主办单位	会展承办单位	会展主要内容
45	2011中国国际名酒博览会暨世界葡萄酒节	2011年11月14～16日	全国农业展览馆	中国名酒协会	北京明华国际展览有限公司	1. 酒类：各种酒类生产、包装、储存、运输设备与技术，饮用器具等； 2. 行业媒体、出版机构、网站、协会、商会、研究机构，以及其他相关服务公司
46	2011第七届中国国际营养保健食品产业博览会暨养生饮食高峰论坛	2011年11月16～18日	全国农业展览馆	中国食品产业协会办公室、中国安全健康食品产业联合会、亿展宏图国际展览（北京）有限公司	中国食品产业协会办公室、亿展宏图国际展览（北京）有限公司（企业）	营养健康产品、特种营养保健产品、营养无糖食品与素食，营养教育、咨询、服务
47	2011北京国际食品及调味品博览会（CIF）	2011年11月17～19日	中国国际贸易中心	中国国际贸易中心	北京朗盛世纪展览有限公司	1. 调味品制造、经销企业：①调味品系列；②调味油系列；③果醋系列；④调味汁系列。 2. 西餐调味品制造、经销企业：日餐系列、泰餐系列、西餐罐头、薯制品类、西餐肉类、奶酪系列、黄油系列、奶油系列、早餐系列、西餐酱汁、橄榄油、西餐渍菜、花生酱、番茄酱、色拉酱、蛋黄酱等。 3. 食品添加剂及食品配料制造、经销企业：①食品添加剂；②食品配料。 4. 包装、机械设备企业：①调味品制造专用机械设备；②通用包装机械设备

（续）

序号	会展名称	会展时间	会展举办地点	会展主办单位	会展承办单位	会展主要内容
48	中法农业食品合作洽谈会	2011年11月29～30日	国际会议中心	欧中联合商会、中国农业国际交流协会、法国农业经营者工会联合会（FNSEA）、法国农产品国际技术交流与发展协会、法国农产品暨食品促进中心		1. 牲畜养殖、生产及加工企业：猪、奶牛、肉鸡等； 2. 农作物生产及加工企业：甜菜种植，加工谷物：小麦、玉米、大豆等，油料作物：大豆深加工； 3. 葡萄种植及葡萄酒酿造企业； 4. 食品/饮料：绿色食品、农副产品、罐头食品； 5. 有机及健康食品：有机水果和蔬菜、有机农牧产品酒等； 6. 橄榄油及各种特种油：如橄榄油、野山茶油、油茶籽油等； 7. 食品加工技术、食品机械、包装技术等
49	2012全国年货购物节暨年货购物精品展销会	2011年12月16～20日	北京蟹岛国际会展中心	中国商业联合会、北京市商务委员会	中国商业联合会购物中心专业委员会、北京蟹岛集团	1. 名优品牌展区：①中国驰名商标；②中国名牌；③“中华老字号”、“诚信单位”等称号的企业。 2. 绿色农产品展区：地方无公害、名优土特产等。 3. 糖、酒、农副产品等。 4. 家纺。 5. 综合类展区。 6. 民俗文化。 7. 儿童商品肉，蛋禽类

资料来源：根据北京会展网、中国农业会展网等资料整理。

附表 3　2012 年北京涉农会展一览表

序号	会展名称	会展时间	会展举办地点	会展主办单位	会展承办单位	会展主要内容
1	第三届中国农民合作社理事长年会暨中国农科教推社会化服务新体系建设高层论坛	2012 年 1 月 6～8日	北京钓鱼台大酒店	中国农技协农村合作组织发展研究专业委员会、全国农业高新技术成果产品交流交易中心、农产品加工杂志社、农村大市场杂志社	全国农科教推优秀单位与优秀人物征评活动组委会、全国农民专业合作社百佳理事长征评活动组委会、中农国优（北京）科技推广中心、北京沅鹏伟业文化交流中心	
2	2012 第二十二届中国国际钓鱼用品贸易展览会	2012 年 2 月 6～8日	中国国际展览中心（新馆）	北京澳钦润江展览有限公司、中国国际贸易中心股份有限公司	北京澳钦润江展览有限公司	1. 渔竿：台钓竿、溪流竿等； 2. 渔轮：抛饵式卷等； 3. 渔线：编织线等； 4. 渔钩：不锈钢钩等； 5. 假饵：硬假饵等； 6. 渔饵：粉饵等； 7. 渔漂：巴尔沙木漂等； 8. 渔网：手抛网等； 9. 钓鱼配件：转环等； 10. 钓鱼服装：水服/水鞋等； 11. 钓鱼电子产品：探鱼器等； 12. 渔具配件：导线环等； 13. 户外休闲用品：帐篷

（续）

序号	会展名称	会展时间	会展举办地点	会展主办单位	会展承办单位	会展主要内容
3	第七届世界草莓大会	2012 年 2 月 18～22 日	昌平区草莓博览园展示中心	国际园艺学会、农业部、北京市人民政府、中国园艺学会	北京市昌平区人民政府、北京市农林科学院、中国园艺学会草莓分会	品种与育苗展示、栽培与管理展示、储运与加工展示、保障与配套展示、农业机械展示、商贸洽谈
4	2012 第四届中国国际生物质能展览暨技术研讨会	2012 年 2 月 23～25 日	中国国际展览中心	中国电力企业联合会、中国可再生能源学会生物质能专业委员会、中国国际贸易促进委员会建设行业分会、中国国际商会建设行业商会、中国国际贸易促进委员会北京市分会、德国科隆国际展览有限公司	北京泰格尔展览有限公司、中国电力企业联合会会展部、北京市新能源与可再生能源协会、科隆展览有限公司	1. 生物质气化技术与设备； 2. 沼气技术与沼气工程设备等； 3. 生物质固体颗粒燃料压缩成型设备等； 4. 液体燃料：燃料乙醇技术与产品，生物柴油技术与产品； 5. 生物质固体燃料：成型燃料设备与应用技术，生物质直接燃烧技术与设备，生物质与煤混技术

（续）

序号	会展名称	会展时间	会展举办地点	会展主办单位	会展承办单位	会展主要内容
5	2012 北京国际园林绿化展览会	2012 年 3 月 12～15 日	中国国际展览中心（新馆）	中国林业机械协会、雅式展览服务有限公司		1. 林木种子采集和处理机械； 2. 苗木培育和苗圃机械； 3. 林地清理机械； 4. 植树造林机械； 5. 抚育管理机械； 6. 森林土壤改良设备； 7. 森林调查器具和装置； 8. 森林防火机械设备； 9. 森林病虫害防治机械； 10. 木材采伐、集材、归楞、装车； 11. 园林机械； 12. 景观主题艺术； 13. 木结构房屋、轻型木结构； 14. 园林小品； 15. 园艺工具； 16. 灌溉产品； 17. 温室和大棚设备； 18. 草业产品、苗木花卉、户外家具及休闲用品； 19. 树枝树皮、棉秆等
6	第七届全国畜牧兽医人才双选会	2012 年 3 月 22 日	中国农业大学	中国动物保健品协会、中国农业大学就业指导中心		人才交流会

（续）

序号	会展名称	会展时间	会展举办地点	会展主办单位	会展承办单位	会展主要内容
7	第五届中国北京国际食品安全高峰论坛	2012年3月27~28日	国家会议中心	北京食品学会、北京食品协会	太平洋国际展览有限公司	1. 实验室分析检测仪器设备，食品安全快速检测仪器试剂； 2. 食品微生物检测仪器设备，食品安全第三方检测与认证； 3. 食品安全包装与加工设备，食品添加剂与食品配料； 4. 食品安全消毒与杀菌设备，食品安全保鲜与冷链设备； 5. 食品安全追溯与管理软件，食品安全综合技术与解决方案
8	全国粳稻米产业大会	2012年3月29~30日	北京温都水城·湖湾西区酒店	全国粳稻米联盟、中国农业科技东北创新中心、吉林省农特产品加工协会	吉林省农特产品加工协会	1. 大米：优质食味米、发芽糙米、配制米、有机米等； 2. 米制品：方便米饭、即食淀粉、米粉、大米挂面、快餐米、大米色素、米蛋白、米糠油、米果等； 3. 粮机与包装材料、生产资料等
9	2012第七届中国国际高端营养健康食用油产业博览会	2012年4月7~9日	中国国际展览中心（新馆）	中国保健营养理事会、中国医促会亚健康专委会、全国高科技食品产业化委员会、中国保健营养理事会高端食用油委员会	北京世博威国际展览有限公司	1. 高端植物油； 2. 非转基因食用油； 3. 精炼棕榈油、其他坚果食用油等； 4. 其他营养保健型食用油及其相关设备

（续）

序号	会展名称	会展时间	会展举办地点	会展主办单位	会展承办单位	会展主要内容
10	2012第十三届国际有机食品和绿色食品（北京）博览会	2012年4月7～9日	中国国际展览中心	国际绿色产业协会、国家有机产业联盟、中国绿色产业协会、中国保健营养理事会、中国老年营养与食品专业委员会	北京世博威国际展览有限公司	1. 有机绿色食品类； 2. 有机绿色饮品类； 3. 有机绿色调味类； 4. 食品饮料配套技术与设备
11	2012第三届中国国际高端健康饮品（北京）展览会	2012年4月7～9日	中国国际展览中心	中国保健营养理事会	北京世博威国际展览有限公司	1. 高端健康饮用水； 2. 高端健康酒； 3. 高端健康乳制品； 4. 高端极品茶； 5. 高端健康果蔬汁； 6. 高端速溶饮品； 7. 其他高端健康饮品
12	2012亚洲第九届中国国际烘焙展览会	2012年4月7～9日	中国国际展览中心（老馆）	中国食品工业协会、北京新京贸国际展览有限公司	北京新京贸国际展览有限公司、京茂展览服务（上海）有限公司、中国食品工业协会市场发展部	馅料、果料、果仁、果脯、水果罐头等，月饼、糕点辅料；焙烤设备及器具、手艺焙烤配备及器具、焙烤产品与制成品；食品馅料炒锅、夹层锅；（馅料）自动计量包装机械；饼干生产设备、原辅料及包装等；月饼包装、馅料、模具及生产设备；食品（月饼、饼干、冷食、面食、巧克力等）、包装机械；饼房、厨房、西餐厅、咖啡厅生产设备、原辅料及用品等；肉松、巧克力制品，糖仔、蜡烛、仿真食品模型等蛋糕装饰材料

（续）

序号	会展名称	会展时间	会展举办地点	会展主办单位	会展承办单位	会展主要内容
13	2012 第十届中国国际食品加工及包装机械展会	2012 年 4 月 7～9 日	中国国际展览中心	中国食品工业协会、北京新京贸国际展览有限公司	北京新京贸国际展览有限公司、京茂展览服务（上海）有限公司、中国食品工业协会市场发展部	食品加工机械、食品包装机械、包装材料及制品、食品生产技术、食品管理和服务系统、食品零售业设施用品
14	第十四届中国国际花卉园艺展览会	2012 年 4 月 11～14 日	北京展览馆	中国花卉协会	长城国际展览有限责任公司、上海国际展览中心有限公司	1. 切花、盆花、草花、观赏植物、盆景等； 2. 生物组培、栽培技术及设备、花肥等； 3. 温室设备、灌溉设备； 4. 园林绿化工程、养护材料及配套技术、屋顶绿化、垂直绿化； 5. 花盆、花瓶、插花布置； 6. 专业协会、出版物、网站
15	2012 第三届中国国际温室技术展览会	2012 年 4 月 11～13 日	全国农业展览馆	中国机械工业联合会、中国风景园林协会、全国农业技术推广服务中心	北京中久兴展览服务有限公司	1. 温室材料：农业温室用温室 pc 阳光板等； 2. 温室设备：PC 板、充气覆蜡，工厂化育苗成套设备等； 3. 各种温室维修与零配件材料防虫网、编织膜、紧线器开窗齿条、开窗齿轮齿条、开窗齿轮齿条、轴承座、换向轮、齿条推拉杆接头、拉幕等温室相关控制软件及其他
16	第七届中国（北京）餐饮食品博览会	2012 年 4 月 20～22 日	北京展览馆	北京市政府商委、经信委、农委、旅游委四家行业主管部门，中国烹饪协会	北京烹饪协会、北京食品协会、北京超异展览公司	食品类、饮品类、餐厅饭店类、烹饪原材料配料类、食品包装材料类、餐厅酒店用品类、职业装工装类、炊事机械、加热保温设备、果蔬清洗加工设备、燃气设备、排烟设备、消毒设备、橱柜类、电子信息技术服务系统、软件技术与设备、网络书刊文化类等

（续）

序号	会展名称	会展时间	会展举办地点	会展主办单位	会展承办单位	会展主要内容
17	北京国际葡萄酒展览会	2012年4月23～25日	中国国际贸易中心	世界葡萄酒联盟、北京金万洲会展服务有限公司	北京明华国际展览有限公司、北京金万洲会展服务有限公司	1. 品牌进口酒展区、国产名优酒展区：白酒，啤酒，黄酒，果露酒等； 2. 酒类综合展区、宣传品及组织展区，如葡萄酒书籍、杂志，媒体，培训机构和服务机构等
18	2012中国（北京）国际新农业博览会暨种子、农药、肥料交易博览会	2012年5月8～10	全国农业展览馆	中国低碳产业联合会、中国低碳产业联盟、中国低碳产业联合会绿色生态农业分会	北京铭世博国际展览有限公司	1. 肥料专业展区：氮肥、磷肥、钾肥、生物肥、复合肥、生态肥等； 2. 农药专业展区：杀虫剂、杀菌剂、除草剂、卫生杀虫剂等； 3. 种子展区：种子、种苗加工、包装等； 4. 设施农业展区：各类农业设施、温室材料等； 5. 农业机械展区：拖拉机、土壤机械设备、播种机械和设备等
19	2012中国国际食品饮料展览会	2012年5月8～10日	全国农业展览馆	中国绿色经济发展研究所、国际绿色产业协会	北京明华国际展览有限公司	高端进口食品、营养保健食品和儿童食品、食用油、粮食类、调味品、地方标志食品及特色农产品、食品饮料包装机械及检测设备
20	2012中国（北京）国际有机食品展览会	2012年5月8～10日	全国农业展览馆	国际绿色产业协会、中国绿色经济发展研究所、北京明华国际展览有限公司	北京明华国际展览有限公司	1. 有机食品类：水果、蔬菜、大米、杂粮、食用菌、畜禽、水产品、有机庄园以及有机儿童食品； 2. 有机饮品类：饮料、乳制品、红酒、葡萄酒、果露酒、白酒、黄酒、咖啡、果汁、蔬汁饮料、茶饮料、矿泉水、蜂蜜、速溶饮品及饮料冲剂、各种奶粉及豆奶制品； 3. 有机调味品：有机食用油、亚麻油、香油、酱油、醋及各种有机调味品； 4. 地方优质特色农产品类：国内外/民族特色食品及土特产、地理标志产品等

（续）

序号	会展名称	会展时间	会展举办地点	会展主办单位	会展承办单位	会展主要内容
21	2012 第二届中国国际茶业及茶艺博览会	2012 年 5 月 11～13 日	全国农业展览馆	农业部国际合作司、农业部种植业管理司、农业部农村经济研究中心、农业部农业产业化办公室、农业部优质农产品开发中心	北京京港环球国际展览有限公司、中国农业国际合作促进会茶业工作委员会	1. 绿茶、红茶、黄茶、白茶、乌龙茶（青茶）、黑茶； 2. 茶叶包装：茶叶盒设计、制作印刷、金属制罐、袋泡茶包装机等； 3. 泡茶水：矿泉水、纯净水、瓶装水、直饮水及净水设备等； 4. 茶工艺类：茶工艺品、茶家具及茶科技衍生品
22	2012 中国国际酒店博览会暨第十八届中国国际酒店、餐饮用品、食品、饮料及服务设施博览会	2012 年 5 月 22～24 日	中国国际贸易中心	中国国际贸易中心	中国国际贸易中心股份有限公司展览部	1. 饭店用品，家具，清洁设备，装饰材料，冷冻设备，消防设施，工服，桑拿设备，娱乐设施，照明系统，通信设施，空调，电脑销售及管理系统，会议视听设备等； 2. 酒店餐馆设备，烧烤设备，茶和咖啡，橄榄油，食用油，酒类，制冰机，食品饮料等； 3. 旅游资源，星级酒店，酒店管理公司，旅行社，游览景点等
23	2012 中国食品与农产品质量安全检测技术应用国际论坛暨展览会	2012 年 6 月 4～6日	国际会议中心	中国仪器仪表学会分析仪器分会、中国仪器仪表学会农业仪器应用技术分会	北京雄鹰国际展览有限公司	1. 食品与农产品安全快速检测仪器； 2. 食品与农产品有害残留物质检测仪器； 3. 食品与农产品样品前处理的仪器设备； 4. 食品与农产品致病菌、病毒、毒素等检测仪器； 5. 食品与农产品成分分析检测仪器； 6. 食品与农产品金属、非金属等异物检测仪器； 7. 食品与农产品转基因检测仪器、设备与技术； 8. 食品包装物安全标准及检测仪器设备； 9. 实验室通用仪器设备； 10. 其他认证验证机构、独立检测实验室、监控与追溯系统、应用解决方案等

（续）

序号	会展名称	会展时间	会展举办地点	会展主办单位	会展承办单位	会展主要内容
24	2012 TOP WINE CHINA第三届中国（北京）国际葡萄酒博览会	2012年6月4～6日	国际会议中心	中国对外贸易经济合作企业协会、荷兰国际工业促进公司、北京世联新睿国际展览有限公司	北京世联新睿国际展览有限公司	葡萄酒，如：干红、干白、桃红葡萄酒、气泡酒、香槟、冰酒、甜酒、贵腐酒等；葡萄酒器具，如：开瓶器、酒杯、醒酒器、吐酒桶、冰酒桶、红酒保鲜器等；葡萄酒包装技术，如：瓶盖，葡萄酒瓶、瓶塞等；葡萄酒储存设备，如：酒柜、酒窖等；葡萄酒酿造设备，如：除梗机、压榨机等
25	江苏、海南、辽宁及重庆农业展会推介及农业投资贸易流通信息交流会	2012年6月7～8日	北京	中国农业国际交流协会、江苏省农业委员会、海南省农业厅、辽宁省农村经济委员会、重庆市农业委员		
26	第十届世界加工番茄大会暨第十二届国际园艺学协会加工番茄研讨会	2012年6月9～11日	北京东方君悦大酒店	世界加工番茄理事会	中国工业罐头协会联合中粮屯河股份有限公司	
27	2012（北京）国际富硒食品推广交易会	2012年6月9～11日	中国国际展览中心	中国轻工业信息中心、中国国际经济合作学会国际经贸交流中心、中国食文化研究会	北京环球北方国际展览有限公司	富硒葡甘聚糖、富硒魔芋食品、硒蛋白多糖、富硒多元素营养液、富硒蔬菜、富硒茶叶、富硒畜禽产品、富硒山野菜、硒虫草、富硒大米、富硒面粉、富硒酵母、富硒饮料

（续）

序号	会展名称	会展时间	会展举办地点	会展主办单位	会展承办单位	会展主要内容
28	2012北京国际泡菜推广交易会	2012年6月9～11日	中国国际展览中心	中国轻工业信息中心、全国土特产食品协会、中国国际经济合作学会国际交流中心	北京环球北方国际展览有限公司	各企业生产的泡菜精品、代表性泡菜产品、新产品及其他蔬菜加工产品等，专用原料产品，泡菜加工机械、泡菜包装
29	2012中国（北京）国际高端品牌果蔬饮料展览会	2012年6月9～11日	中国国际展览中心	中国轻工业信息中心、中国国际经济合作会国际交流中心	北京环球北方国际展览有限公司	1. 浓缩果汁：浓缩橙汁、浓缩苹果汁等； 2. 果肉饮料：桃汁、草莓汁等； 3. 蔬菜汁：主要有胡萝卜汁、番茄汁、南瓜汁，以及一些符合果蔬汁等； 4. 水果饮料； 5. 其他果蔬汁饮料等； 6. 原辅材料处理技术、添加剂和生物技术、破碎压榨技术等
30	2012第二届中国醋产品与健康展览会	2012年6月9～11日	中国国际展览中心	中国轻工业信息中心、中国国际经济合作学会国际交流中心	北京环球北方国际展览有限公司	米醋、陈醋、香醋、麸醋、酒醋、白醋、各种果汁醋、蒜汁醋、姜汁醋、保健醋风味醋、礼品醋等；醋酿造工艺设备及包装机械等
31	2012中国优质品牌杂粮产品推广交易会（CQCP 2012）	2012年6月9～11日	中国国际展览中心	中国轻工业信息中心、中国国际经济合作学会国际交流中心	北京环球北方国际展览有限公司	1. 参展产品：高粱、小米、糜子、荞麦、燕麦、大麦、黑小麦、绿豆、红小豆、芸豆、黑豆、蚕豆、鹰嘴豆、特用玉米、薏米、芝麻、紫苏、亚麻籽、薯类，杂粮豆加工产品，薯类加工产品，辅料与添加剂； 2. 有机杂粮基地专区展示：全面展示和推介当地的特色杂粮资源、绿色产品以及投资环境

（续）

序号	会展名称	会展时间	会展举办地点	会展主办单位	会展承办单位	会展主要内容
32	2012中国特色品牌调味酱、番茄酱、果酱产业博览会	2012年6月9～11日	中国国际展览中心	中国轻工业信息中心、中国国际经济合作学会国际交流中心	北京环球北方国际展览有限公司	1. 酱制品展区； 2. 制酱设备展区； 3. 酱包装机械展区； 4. 酱制品添加剂及配料； 5. 调味酱相关机构； 6. 欧洲调味酱展区
33	2012中国健康谷物饮料/代餐饮料推广交易会	2012年6月9～11日	中国国际展览中心	中国食文化研究会	北京环球北方国际展览有限公司	绿豆、大麦、红枣、花生、紫米、小米、黑米、荞麦、燕麦、薏仁米、高粱、玉米等谷物饮料
34	2012中国营养早餐食品推广交易会	2012年6月9～11日	中国国际展览中心	北京环球北方国际展览有限公司	北京环球北方国际展览有限公司	早餐食品展区：面包、饼干、面点、有机麦片、燕麦片、玉米片、八宝粥、豆浆、牛奶、有机鸡蛋、有机茶、咖啡、水果蔬菜；果汁饮品、奶油、奶酪、果酱、薯条、（谷类能量，蛋白营养，碱性豆奶，果蔬精华）食品等
35	2012中国高端品牌面粉、挂面展览交易会	2012年6月9～11日	中国国际展览中心	中国轻工业信息中心、中国国际经济合作学会国际交流中心	北京环球北方国际展览有限公司	1. “放心面粉”专用面粉（如面包粉、饺子粉、饼干粉等）、通用面粉、营养强化面粉； 2. “放心挂面”鸡蛋挂面、西红柿挂面、菠菜挂面、胡萝卜挂面、海带挂面、赖氨酸挂面等； 3. 制粉设备、检测仪器、食品添加剂及小麦加工产品； 4. 挂面生产工艺与设备等

（续）

序号	会展名称	会展时间	会展举办地点	会展主办单位	会展承办单位	会展主要内容
36	2012中国（北京）民族特色饮食文化及养生健康产业博览会	2012年6月9～11日	中国国际展览中心	食文化研究会、中国国际展览中心集团	中展集团、北京华港展览有限公司	1. 民族老字号及地方特色食品展区：老字号食品、各民族特色食品及土特产； 2. 保健及功能性食品展区：养生保健食品、食疗食补产品； 3. 有机食品展区：绿色天然食品等； 4. 茶酒文化展示区：六大茶、再生茶； 5. 其他：肉制品、乳制品、航空食品、旅游食品
37	2012中国玉米（淀粉、食品）工业及玉米深加工技术展览会	2012年6月9～11日	中国国际展览中心	中国轻工业信息中心、中国国际经济合作学会国际经贸交流中心	北京环球北方国际展览有限公司	1. 玉米食品及食品工业原料：各类玉米食品、玉米饮料等； 2. 玉米饲用及饲料添加剂：玉米饲料、DDGS等； 3. 玉米生物制药产品：以玉米为原料的抗生素、维生素等； 4. 玉米生物材料：以玉米为原料的合成纤维等； 5. 玉米生物能源：玉米燃料乙醇、玉米生物发电等； 6. 玉米机械设备等； 7. 各种玉米品种、玉米肥料及农药等； 8. 玉米仓储、物流服务等； 9. 鲜食玉米、种子、鲜穗等

（续）

序号	会展名称	会展时间	会展举办地点	会展主办单位	会展承办单位	会展主要内容
38	2012 中国品牌冷冻与冷藏食品产业展览会	2012年6月9～11日	中国国际展览中心	中国轻工业信息中心、中国国际经济合作学会国际交流中心	北京环球北方国际展览有限公司、北京励展北方展览有限公司	1. 畜肉产品：冷却冰鲜肉、分割肉等； 2. 禽肉产品：速冻家禽等； 3. 果蔬产品：各种速冻蔬菜等； 4. 米面制品：速冻汤圆等； 5. 原料辅料：冷冻食品原料、配料等； 6. 相关设备：食品加工设备、速冻设备、冷藏保鲜设备等
39	2012 中国大豆健康食品暨加工技术设备展览会	2012年6月9～11日	中国国际展览中心	中国轻工业信息中心、中国国际经济合作学会国际经贸交流中心	北京环球北方国际展览有限公司	1. 传统大豆食品：豆腐、豆浆、豆腐干、豆腐花等； 2. 新兴大豆食品：豆浆粉、膨化豆制品等； 3. 大豆食品与加工技术：以大豆为原料的产品、新产品开发等； 4. 大豆食品生产及包装设备：大豆预处理设备、大豆筛选机等； 5. 传统豆制品设备：豆腐设备、豆浆/豆奶设备、豆干设备等
40	2012 世界茶业大展（北京）	2012年6月17～20日	北京展览馆	中国茶叶流通协会、北京市西城区人民政府		各类茶叶、茶具、茶饮料、茶食品、茶保健品，茶工艺品、茶家具；茶主题旅游；茶包装及包装设计、茶叶科技及加工、包装机械、茶叶种植技术及农药、茶叶保鲜及储存技术；茶叶专业市场，茶业界媒体及会展

（续）

序号	会展名称	会展时间	会展举办地点	会展主办单位	会展承办单位	会展主要内容
41	2012 年中国国际氮肥、甲醇大会	2012 年 6 月 20～21 日	北京九华山庄（十六区）	中国氮肥工业协会		
42	2012 中国国际名酒博览会暨世界葡萄酒节	2012 年 6 月 28～30 日	全国农业展览馆	世界葡萄酒联盟、中国名酒协会、中国酒业委员会	北京明华国际展览有限公司	1. 品牌进口酒展区：各个品种的葡萄酒，如红葡萄酒、白葡萄酒； 2. 国产名优酒展区：白酒、啤酒、黄酒、果露酒等； 3. 酒类综合展区：如酒起子、瓶盖、瓶塞、酒鼻子、木盒、酒柜、醒酒器具等
43	第三届北京国际现代农业展览会	2012 年 6 月 28～30 日	中国国际展览中心（老馆）	中国农业工程学会、中国农业机械学会、中国农村能源行业协会、北京国际科技服务中心	北京雄鹰国际展览有限公司	农业高新技术、农业信息化、精准农业；温室与配套资材设备、节水灌溉与配套设备、农业机械；畜牧养殖；农副产品加工、贮藏、保鲜、包装；品牌农产品、精品粮油；农村可再生能源，植保产品，农药械
44	2012 中国（北京）国际有机食品博览会（CIOE）	2012 年 6 月 28～30 日	国家会议中心	北京明华国际展览有限公司、中国管理科学研究院、绿色经济发展研究所	北京明华国际展览有限公司	1. 有机食品类：水果、蔬菜、大米、杂粮、食用菌、畜禽、水产品、冷冻食品、有机庄园以及有机儿童食品； 2. 有机饮品类：饮料、乳制品、红酒、葡萄酒、果露酒、蜂蜜、速溶饮品及饮料冲剂、各种奶粉及豆奶制品； 3. 地方优质特色农产品类：国内外/民族特色食品及土特产、地理标志产品等

（续）

序号	会展名称	会展时间	会展举办地点	会展主办单位	会展承办单位	会展主要内容
45	2012第二届中国北京国际绿色水产食品产业博览会	2012年7月4～6日	全国农业展览馆	国际绿色产业协会、亚太水产行业协会、北京明华国际展览有限公司、中国管理科学研究院绿色经济研究所	北京明华国际展览有限公司	1. 高端海产品：鲍鱼、海参制品、海鲜冻品、品牌大闸蟹、青蟹鲜活品、干制品、海带制品、海产礼品、水产休闲食品、鱼松、金枪鱼产品、龙虾及其他海产品； 2. 深加工产品、海鲜调味品、即食海产休闲食品、鱼类罐头、深海鱼油保健品、海藻及其他深加工产品； 3. 水产品、鱼糜/浆、鱼类罐头、气调保鲜产品、海鲜调理产品； 4. 保鲜技术与设备，远洋运输及储运，水产综合利用，水产工艺品； 5. 水产品各种加工包装设备及冷藏冷冻设备、水产品检测仪器等
46	2012北京国际食品饮料展览会	2012年7月4～6日	国际会议中心	北京明华国际展览有限公司、国际绿色产业协会、中国绿色经济发展研究所、中国绿色产业协会	北京明华国际展览有限公司	高端进口食品，乳制品及蛋类，休闲食品，蔬菜水果，精装礼品，罐头食品；新鲜肉类、腌制肉类；糖果，饼干和面点，高档美食；新鲜半成品、速成品、即食食品；营养保健食品和儿童食品；食用油、粮食类、调味品；葡萄酒与烈酒、清酒、啤酒、保健酒、果酒饮品、酒精饮料和非酒精饮料；犹太食品和清真食品；咖啡、冲饮品；冷冻食品，水产食品，地方标志食品及特色农产品，食品饮料包装机械及检测设备

（续）

序号	会展名称	会展时间	会展举办地点	会展主办单位	会展承办单位	会展主要内容
47	2012 第二届中国（北京）国际绿色休闲食品博览会	2012 年 7 月 4～6日	国家会议中心	国际绿色产业协会、亚洲休闲食品行业促进委员会、中国绿色经济发展研究所	广州华亚展览服务有限公司	1. 糖果类； 2. 巧克力类； 3. 休闲食品类； 4. 乳制品类； 5. 烘焙食品类； 6. 干果坚果类； 7. 原料与添加剂； 8. 食品加工及包装设备类
48	第五届中国国际农业峰会	2012 年 7 月 12～13 日	北京中关村皇冠假日酒店	上海都赛商务咨询有限公司	谷物与饲料贸易协会	
49	2012 中国（北京）国际农业博览会	2012 年 7 月 13～15 日	国家会议中心	中国农业国际交流协会、欧中联合商会、中国农业产业经济发展协会、北京铭世博国际展览有限公司	北京铭世博国际展览有限公司	1. 农业高科技展区：光照传感器等； 2. 温室资材及节水灌溉展区：温室配套系统等； 3. 农业机械展区：种植机械等； 4. 生态农业：地方特色等； 5. 农资展区：肥料、喷施设备等； 6. 包装及印刷展区：制袋机、塑料包装机等； 7. 其他：各类相关农业设备材料等
50	北京国际钓鱼用品消费展览会	2012 年 8 月 23～26 日	中国国际贸易中心	北京澳钦润江展览有限公司、中国国际贸易中心股份有限公司	北京澳钦润江展览有限公司	钓鱼用品、户外装备、烧烤用具、护肤防晒产品、水族用品、工艺品、礼品、鱼装饰品（以鱼为主体的工艺品）、垂钓摄影、垂钓服务、休闲旅游度假产品等

（续）

序号	会展名称	会展时间	会展举办地点	会展主办单位	会展承办单位	会展主要内容
51	第十八届国际食用菌大会	2012年8月25～30日	北京国际会议中心	中国农业科学院、中国食用菌协会、中国食品土畜进出口商会	北京市昌平区人民政府、北京市农林科学院、中国工程院农业学部、中国园艺学会草莓分会	学术会议＋展览（食用菌菌种、食用菌加工产品、栽培设备以及本领域最新出版物）
52	2012中国（北京）国际甜食及休闲食品展览会	2012年8月29～31日	中国国际展览中心（老馆）	中国食品工业协会、中国食品安全报	北京世博威国际展览有限公司	1. 糖果类：奶糖、夹心糖、药用糖果、功能糖果等； 2. 巧克力类：白巧克力、有机巧克力等； 3. 休闲食品类：果冻、膨化食品、蜜饯、蜂蜜、凉果、休闲鱼（肉）产品等； 4. 干果坚果类：果肉果脯花生、杏仁、松仁、板栗、开心果、榛子等； 5. 咖啡机、咖啡加工设备； 6. 烘焙食品类：糕点、面包、月饼等； 7. 乳制品类：乳酸菌制品、果乳制品等； 8. 食品加工及包装设备类：加工设备、包装机械、食品检测设备等
53	2012北京国际特色农产品及果蔬精品展览会	2012年8月29～31日	中国国际展览中心（老馆）	中国食品工业协会、中国食品报社	北京世博威国际展览有限公司	1. 老字号、各民族特色食品； 2. 油类、糖类、水果； 3. 新鲜水果、冷冻水果、罐装水果； 4. 新鲜蔬菜、果蔬综合制品类； 5. 果蔬产业链：种子、种苗、培植； 6. 果蔬包装辅料、保鲜设备及技术

（续）

序号	会展名称	会展时间	会展举办地点	会展主办单位	会展承办单位	会展主要内容
54	2012 中国（北京）国际食品饮料博览会暨特色饮料展览会	2012 年 8 月 29～31 日	中国国际展览中心	中国食品工业协会	北京世博威国际展览有限公司	1. 果蔬饮料：各种果汁、鲜榨汁、蔬菜汁、果蔬混合汁、五谷杂粮类饮料等； 2. 茶类饮料：绿茶、红茶、花茶、凉茶、饮料等； 3. 碳酸饮料：系列碳酸类饮料； 4. 乳类饮料：液体奶系列饮品、地方特色乳制品等； 5. 速溶饮料：咖啡、苦荞茶、速溶冲饮类饮料等； 6. 功能饮料：运动饮料、保健茶、植物蛋白饮料、美容养颜饮料等； 7. 加工机械类：各种果蔬榨汁机、营养调理机等； 8. 包装机械类：品牌策划、包装设计、包装机械、包装容器及相关科研单位等
55	2012 中国（北京）国际名酒节暨葡萄酒博览会	2012 年 8 月 29～31 日	中国国际展览中心	中国食品工业协会、中国名酒汇	北京世博威国际展览有限公司	1. 葡萄酒展区； 2. 国产酒展区； 3. 酒类用品区：酒饮器皿、开瓶器、酒杯、醒酒器、吐酒桶、冰酒桶、红酒保鲜器、酒柜、酒类包装及储藏技术、酿酒机械设备、辅料、商标及广告设计等； 4. 相关服务区：行业媒体、出版机构、网站、协会、商会、研究机构，以及其他相关服务公司

（续）

序号	会展名称	会展时间	会展举办地点	会展主办单位	会展承办单位	会展主要内容
56	2012 北京冷冻水产品展会	2012 年 8 月 29～31 日	中国国际展览中心（老馆）	中国食品工业协会	世博威·中国（北京）国际肉制品及速冻食品展览会	1. 肉制品类：保鲜分割肉、清真肉食品、纯肉火腿系列； 2. 原料及相关产品：各类肉类食品添加剂； 3. 冷冻畜肉产品：冷却冰鲜肉； 4. 冷冻禽肉产品：速冻家禽； 5. 冷冻水产品：如冷冻鱼、虾； 6. 冷冻果蔬产品：各种速冻蔬菜和冷冻水果； 7. 调理类速冻食品：汤圆、水饺、包子； 8. 火锅调料类：鱼饺、鱼丸； 9. 原料辅料：食品原料； 10. 相关设备：食品加工设备
57	2012 第十三届中国国际农业生产资料博览会	2012 年 9 月 4～6日	中国国际展览中心（新馆）	中国植物营养与肥料协会	北京振威展览有限公司	农药、种子、肥料、设施农业
58	2012 第二十届北京种子大会	2012 年 9 月 10～13 日	北京丰台体育中心	北京市农村工作委员会、北京市农业局、北京市丰台区人民政府	北京市种子管理站、北京种子协会、丰台区农村工作委员会、北京泰达正业科技发展中心和丰台区种子协会	1. 种子、种苗生产、经营、加工等交流交易活动； 2. 种子检验、加工、包装等仪器设备展销； 3. 种衣剂、植物生长激素、农药交易洽谈； 4. 品种权转让，拍卖活动； 5. 种业高峰论坛及信息发布等活动； 6. 大型企业集中展示； 7. 农业高新技术、各种名、特、优、新品种展示及田间观摩

（续）

序号	会展名称	会展时间	会展举办地点	会展主办单位	会展承办单位	会展主要内容
59	2012中国国际集约化畜牧展览会（VIV China 2012）	2012年9月23～25日	中国国际展览中心（新馆）	全国畜牧总站	北京太克会展中心、VNU欧洲展览集团	养猪业、家禽业、反刍动物、渔业、饲料及饲料机械、饲养设施及设备、动物保健及制药机械、肉制品生产加工及其设备、奶制品生产加工及其设备、蛋制品生产加工及其设备、牧草及机械、动物品种改良技术及其相关仪器设备、各种包装技术及设备等
60	第十届中国国际农产品交易会	2012年9月27～30日	全国农业展览馆	农业部	全国农业展览馆、中国农业展览协会、中国国际贸易促进委员会农业行业分会	1. 农副产品及加工类； 2. 食品及加工产品类； 3. 畜禽及加工产品类； 4. 科技创意农业、家庭农业、休闲农业、阳台农业等； 5. 其他农副产品加工产业链上下游产品等； 6. 大型超市、农产品批发市场、物流单位、农民专业合作社等； 7. 科研院所、商会协会、电子商务、行业媒体等； 8. 现代农业装备展示交易区
61	2012IEOE第二届中国（北京）国际食用油产业博览会	2012年10月23～25日	全国农业展览馆	中国粮油学会油脂分会、中国食品和包装机械工业协会、中国绿色经济发展研究所	永红国际展览（北京）有限公司	1. 传统营养食用油：营养花生油等； 2. 传统保健食用油：玉米油等； 3. 特种高端食用油：椰子油、芥蓝油等； 4. 健康营养调味油：芝麻香油、香葱调味油等； 5. 食品工业用食用油：棕榈油、羊油； 6. 食用油延伸产品：以高端食用油为基质而生产出来的护肤品； 7. 食用油配套机械：榨油机、包装机； 8. 食用油配套产业：标签包装印务、包装设计

（续）

序号	会展名称	会展时间	会展举办地点	会展主办单位	会展承办单位	会展主要内容
62	2012ICE国际调味品及食品配料产业博览会	2012年10月23～25日	全国农业展览馆	中国食品和包装机械工业协会、中国粮油学会油脂分会、中国绿色经济发展研究所	永红国际展览（北京）有限公司	调味品系列、调味油系列、调味汁系列、食品配料、调味品制造专用机械设备、通用包装机械设备
63	2012中国国际果蔬、加工技术及物流展览会	2012年11月9～11日	国际会议中心	中国果品流通协会、中国出入境检验检疫协会、中国经济林协会	长城国际展览有限责任公司	1. 果蔬产品：新鲜水果蔬菜，脱水及冷冻水果蔬菜； 2. 种植技术：苗木与栽培技术，品种开发
64	2012中国（北京）国际海洋渔业及水产食品展览会	2012年11月14～16日	全国农业展览馆	国际绿色产业协会、国家有机产业联盟、全国绿色产业促进工作委员会	北京明华国际展览有限公司	1. 海产品、海鲜冻品、鲜活品、干制品、海带制品、海参制品及其他海产品； 2. 深加工产品、海鲜调味品、即食海产休闲食品、鱼类罐头、深海鱼油保健品及其他深加工产品； 3. 水产品、鱼类罐头、气调保鲜产品、海鲜调理产品； 4. 海洋捕捞产品、远洋渔业成果、水产技术项目合作
65	第十一届中国国际园林景观建造与配套设施展	2012年11月21～23日	国家会议中心	住房和城乡建设部住宅产业化促进中心、中国房地产业协会、中国建筑文化中心、北京市住房和城乡建设委员会	北京中建文博展览有限公司	1. 环境景观规划、建设、维护、管理、园林工程设计、霓虹灯、城市雕塑等； 2. 木塑、木屋、木结构及景观建筑材料； 3. 户外家具及休闲用品：户外休闲家具、花园设备、休闲桌椅、儿童游乐设施； 4. 花卉园艺产品：花卉、鲜切花、盆花、化学（生物）制品

（续）

序号	会展名称	会展时间	会展举办地点	会展主办单位	会展承办单位	会展主要内容
66	2012 第九届中国（北京）国际有机食品博览会（CIOGE）	2012 年 11 月 21～23 日	中国国际展览中心	中国对外贸易经济合作企业协会、中国国际贸易促进联合会、亚洲有机产品发展中心	北京海名汇博会展有限公司	1. 有机与绿色食品类； 2. 有机与绿色饮品类：营养饮料、乳制品等； 3. 有机与绿色调味类：调味品、酱油食醋等； 4. 相关产品和服务行业类：有机天然化妆品及个人护理产品等； 5. 食品饮料设备、技术和生产相关材料类：食品饮料包装机械
67	2012 第九届国际营养健康产业（北京）博览会	2012 年 11 月 21～23 日	中国国际展览中心（老馆）	中国对外贸易经济合作企业协会、中国健康产业发展联盟、中国健康产业工作委员会、中国国际贸易促进联合会、中国营养协会、亚洲经济贸易发展中心、亚洲保健营养促进委员会	北京海名汇博会展有限公司	1. 营养健康产品：养生、滋补品、营养素、婴童食品等； 2. 保健产品：天然产品、增强免疫力产品、抗衰老产品等； 3. 保健饮品：保健有机乳品等； 4. 保健用品：天然保健品、养生理疗用品； 5. 无糖食品：特膳食品、低糖饮品、乳粉； 6. 食疗药膳产品：食疗药膳原料及相关设备、中药材（参、茸、虫草等）
68	2012 第九届北京国际高端名酒博览会	2012 年 11 月 21～23 日	中国国际展览中心	中国对外贸易经济合作企业协会、亚洲经济贸易发展中心、中国国际贸易促进联合会、亚洲保健营养促进委员会	北京海名汇博会展有限公司、海名国际会展集团	1. 各个品种的进口酒：葡萄酒、烈酒、清酒、果酒、啤酒、低醇咖啡饮品等； 2. 国产酒：白酒、葡萄酒、啤酒、利口酒

（续）

序号	会展名称	会展时间	会展举办地点	会展主办单位	会展承办单位	会展主要内容
69	2012第九届中国（北京）国际食用油及橄榄油产业博览会	2012年11月21～23日	中国国际展览中心	中国对外贸易经济合作企业协会、中国国际贸易促进联合会	北京海名汇博会展有限公司	1. 高端植物油：玉米胚芽油、橄榄油、葵花籽油、茶油、核桃油； 2. 非转基因食用油：非转基因花生油、非转基因大豆油等； 3. 精炼棕榈油、其他坚果食用油等； 4. 其他营养保健型食用油：芝麻油、椰子油、菜籽油、芥蓝籽油、杏仁油； 5. 合成高档保健油、合成高档营养油、高档营养配方油
70	2012第三届中国（北京）国际食品博览会（CIF）	2012年12月7～9日	中国国际展览中心	北京朗盛世纪展览有限公司	北京朗盛世纪展览有限公司	1. 休闲食品展区：茶叶、干果、蜜制品； 2. 葡萄酒展区：红葡萄酒、白葡萄酒、桃红葡萄酒等； 3. 橄榄油及特种油展区：橄榄油、玉米胚芽油、葵花籽油； 4. 有机及健康食品展区：有机茶产品、食用菌产品等； 5. 调味品及番茄制品：酱油、食醋、味精、酱制品、方便调味品、各类辣椒制品及番茄制品等； 6. 机械展区：食品加工机械、食品包装机械

资料来源：根据北京会展网、中国农业会展网等资料整理。

附表 4　2010 年巴黎与柏林主要农业展会情况一览表

会展名称	年间隔	展会开始时间	展会结束时间	展览面积					参展商						参观者		
				总面积（米²）	大厅总面积（米²）	国外展商面积（米²）	露天展会面积（米²）	国外展商面积（米²）	有自己展位的展商				代表性公司		总计	国外参观者	国外参观者比重（%）
									来自国家数	总计	国外展商数	国外展商比重（%）	总计	国外展商			
巴黎农业国际展览会（S. I. A）	1	2月27日	3月7日	40 383	40 383	2 401			22	1 090	68	6.24	8		639 266	6 538	1.02
巴黎奶酪和奶制品展（FROMAGE ET PRODUITS LAITIERS）	2	2月28日	3月3日	1 661	1 661	168			7	143	15	10.49	14		5 417	949	17.52
巴黎世界面点及设备展（EUROPAIN & INTERSUC）	2	3月6日	3月10日	27 363	27 363	7 985			29	543	207	38.12			77 084	26 337	34.17
法国独立酒庄博览会（VINS DES VIGNERONS INDEPENDANTS）	1	3月26日	3月29日	3 714	3 714					604					51 119		
巴黎美食展（SAVEURS DES PLAISIRS GOURMANDS）	2×1	5月28日	5月31日	2 372	2 372	338			3	203	16	7.89			21 621		
法国国际食品和饮料展览会（TENUE CONJOINTE AUX SALONS SIAL ET IN-FOOD）	2	10月17日	10月21日	13 012	13 012	4 082			21	430	143	33.26	161	125	43 682	19 856	45.46
法国国际自动售货机展（VENDING PARIS（EX. DA VENDING EXPO））	2	10月27日	10月29日	5 728	5 728	2 733			14	154	53	34.42			5 118	1 074	20.98
巴黎巧克力展（CHOCOLAT-PARIS）	1	10月28日	11月1日	3 708	3 708	899			15	150	25	16.67			108 477		
巴黎美食展（SAVEURS DES PLAISIRS GOURMANDS）	2×1	12月3日	12月6日	3 200	3 200	297			3	317	20	6.31	7		35 518		
德国柏林"国际绿色周"农业博览会（International Green Week）	1	1月15日	1月24日	51 527	51 527	13 804			56	1 498	464	30.97			394 590	5 130	1.3
德国柏林国际水果蔬菜博览会（FRUIT LOGISTICA）	1	2月3日	2月5日	53 886	53 886	46 249			71	2 314	2 070	89.46			54 172	42 633	78.70

资料来源：根据《Euro Fair Statistics 2010》计算和整理。

附表 5　国外知名会展公司在中国设立分支机构情况

外资会展公司	在中国设立分支机构情况		
	上海	北京	广州
德国法兰克福展览有限公司	●	●	
德国慕尼黑展览集团公司	●	●	
德意志（汉诺威）展览会	●		
德国杜塞尔多夫展览有限公司	●	●	●
德国科隆国际展览有限公司	●	●	●
德国纽伦堡展览公司	●		
法国欧西玛特有限公司	●	●	
美国克劳斯会展公司		●	
美国 IDG	●	●	
荷兰 VNU 展览集团	●		●
英国励展博览集团	●	●	
意大利米兰国际展览中心集团公司	●		
意大利博洛尼亚集团		●	
日本康格株式会社	●	●	
日本杰科姆会展服务		●	
新加坡环球万通会展公司		●	
新加坡国际展览集团		●	
亚洲博闻有限公司	●	●	

资料来源：根据相关资料整理。

附表 6　世界级农业大会一览表

序号	特色农产品	会展中文名称	会展英文名称	发起单位	举办时间	首创年份	迄今届数	性　质	专业规模	备注：是否曾在北京举办，地点、时间、届数；若不是，最后一届的地点
1	草莓	世界草莓大会	International Strawberry Symposium	国际园艺学会（ISHS）	每四年一次	1988 年	7 届	国际学术会议	600 人	是，第七届，2012. 2. 18～2.22
2	食用菌	国际食用菌大会	Congress of the International Society for Mushroom Science	国际食用菌学会（ISMS）	每四年一次	1950 年	18 届	国际学术会议	600 人	是，第十八届，2012.8. 26～8.30
3	种子	世界种子大会	World Seed Conference	国际种子联合会（ISF）	每年一次	1924 年	74 届	国际综合性种业年度会议	900～1 500 人	是，第十八届，2010.9.12～9.15
4	葡萄	世界葡萄大会	International Grape Conference	国际园艺学会（ISHS）	每四年一次	1974 年	10 届	国际学术会议	300 人	是，第十一届，2014.7.28～8.8
5	板栗	国际板栗学术会议	International Academic Conference of Chinese Chestnut	国际园艺学会（ISHS）	每四年一次	1996 年	5 届	国际学术会议	100 人以上	是，第四届，2008. 9. 25
6	蜜蜂	世界养蜂大会	World Conference of Apiculture	国际蜂业联合会（IBF）	每两年一次	20 年代	43 届	国际综合性蜂业博览会	5 000 人	乌克兰
7	园艺	国际园艺博览会	International Horticultural Exposition	国际园艺家协会（IAHP）	不定期	1960 年	19 届	国际性园艺类博览会	不定	荷兰芬洛
8	兰花	世界兰花大会	World Orchid Conference	区域性国家级兰花组织主办	每三年一次	1954 年	20 届	兰花类综合博览会	不定	新加坡滨海湾
9	马铃薯	世界马铃薯大会	World Potato Conference	马铃薯大会董事局	每三年一次	1991 年	8 届	大型会议	700 人	苏格兰爱丁堡
10	种子	亚太种子大会	Asia Pacific Seed Conference	亚太种子协会（APSA）	每年一次	1994 年	18 届	当前规模最大的国际种子交易会	不详	泰国芭提雅
11	兰花	亚太兰花大会	Asia Pacific Orchid Conference	亚太兰花协会（APOS）	每三年一次	1980 年	10 届	兰花综合博览会	不详	中国重庆
12	瓜类	国际瓜类作物学术大会	International Cucurbitaceae Symposium	国际园艺协会（ISHS）	每四年一次	1997 年	4 届	国际学术会议	200	中国长沙

（续）

序号	特色农产品	会展中文名称	会展英文名称	发起单位	举办时间	首创年份	迄今届数	性　质	专业规模	备注：是否曾在北京举办，地点、时间、届数；若不是，最后一届的地点
13	园艺作物（桃）	园艺作物品种改良国际学术讨论会暨桃国际工作会议	International Horticultural Improved Variety Symposium	国际园艺学会（ISHS）	不详	不详	不详	国际学术会议	不详	是，1993年9月6～10日
14	梨	国际梨大会	International Pear Congress	欧洲果蔬协会（AREFLH）	不详	不详	3届	国际学术会议	180	意大利费拉拉
15	核桃	国际核桃大会	International Walnut Congress	国际园艺学会（ISHS）	不详	不详	7届	国际学术会议	不详	中国山西
16	柿	国际柿学术研讨会	International Symposium on Persimmon	国际园艺学会（ISHS）	每四年一届	1996年	5届	国际学术会议	250	中国武汉和广西
17	甘薯	国际甘薯学术研讨会	International Sweetpotato Symposium	国际马铃薯中心（CCCAP）	不详	不详	4届	国际学术会议	270	中国徐州
18	渔业	世界渔业大会	World Fisheries Congress	世界渔业学会（WSF）	每四年一届	1992年	6届	国际学术会议	990多名	是，第三届，2012年5月7～11日
19	柑橘	国际柑橘学会学术大会	International Citrus Congress	国际柑橘学会（ISC）	每四年一届	1968年	11届	国际学术会议	1 000	中国武汉
20	园艺	国际园艺学大会	International Horticultural Congress	国际园艺学会（ISHS）	每四年一届	1869年	28届	国际学术会议		葡萄牙里斯本
21	果蔬	国际绿色果蔬暨深加工投资论坛	International Forum on Green Fruits and Vegetables and Further Processing Investment	国际绿色产业合作组织（GICO） 亚洲绿色果蔬行业协会（AGIA）	不详	2005年	不详	国际学术会议	300人	是，2005年12月6～7日
22	番茄	世界加工番茄大会	World Processing Tomato Congress	世界加工番茄理事会（WPTC）	每三年一次	1989年	10届	国际学术会议	300人	是，第十届，2012年6月10～11日

资料来源：根据相关资料整理。

附表7　2011年春节庙会及游园会

区县	活动名称	时 间	地 点	内 容
东城	第26届地坛庙会	2011年2月2～9日	地坛公园	小吃表演
	第28届龙潭庙会	2011年2月2～9日	龙潭公园	小吃表演
	第五届社区民俗庙会	2011年1月26～28日	朝阳门街道文体中心	民俗庙会
	前门大街上元灯会	2011年2月14～17日	前门大街	赏灯
	中国传统节日文化展览	2011年2月1～18日	国子监	传统文化展览
	故宫历代文物精品展	2011年1月20日至4月20日	中华民族艺术珍品馆	主题展览
	第十一届花市元宵灯会、第三届北新桥地区中医药特色灯会、南锣鼓巷四合院闹花灯灯会	2011年2月15日	崇外地区、南馆公园、黑芝麻胡同	赏灯
	迎春游园	2011年1月21～31日	普度寺文化广场	游园会
	"看今朝过好日子，瞧明日乐享生活"主题展	2011年1月14日	北京规划展览馆	主题展览
西城	厂甸庙会	春节期间	东西琉璃厂街	小吃表演
	大观园庙会	春节期间	大观园	古装及民俗表演、非遗展示
	北海文化节	春节期间	北海公园	祈福仪式、文艺演出、传统饮食
海淀	颐和园苏州街春节宫市	2011年2月3～7日	颐和园苏州街	苏州街春节宫市
	凤凰岭龙泉寺2011年春节庙会	2011年春节	凤凰岭龙泉寺	领略佛教与中国传统文化的魅力，为来年祈愿健康平安
	北京植物园第七届北京兰花展	2011年1月26日至2月7日	北京植物园	主题展览
	体验皇家健身、品味冰雪御园（圆明园冰雪节）	2010年12月22日至2011年1月8日	圆明园遗址公园	看皇家冰嬉表演，做皇家御用冰车，品皇家冰雪文化
朝阳	北京高碑店第六届"漕运庙会"	2011年1月26日至2月9日	华声天桥民俗文化馆	天桥绝技、民间花卉、京味小吃、特色年货
	潘家园旧货市场2011年春节庙会	2011年2月1～9日	潘家园旧货市场	杂耍表演、特色小吃
	北京高碑店2011年"元宵灯会"	2011年2月16～18日	高碑店村高星公园	自制花灯展示、猜灯谜
	蓝色港湾第三届灯光节	2010年12月17日至2011年春节后	蓝色港湾	灯光秀场
昌平	红栌温泉花灯节	2011年1月22日至2月20日	昌平小汤山红栌温泉山庄	花灯、游戏、美食、传统民俗项目等

附表7 2011年春节庙会及游园会

（续）

区县	活动名称	时间	地点	内容
石景山	第11届“北京洋庙会”	2011年2月3～9日	石景山游乐园	逛洋景儿、听洋曲儿、品洋味儿、玩洋玩意儿
	2010年北京国际雕塑公园第二届新春文化庙会	2011年2月13～20日	北京市石景山区国际雕塑公园南广场	游艺、小吃、杂技表演
大兴	大兴民俗风情游活动	2011年1～3月	庞各庄镇、采育镇、北臧村镇、长子营镇、北京野生动物园、北京龙熙温泉度假酒店	赏梨园雪景，品农家美食；畅游最美乡村，体验满族风情；共享千人饺子宴，热气腾腾过大年及系列农家乐活动
房山	参观古栈道、张坊古镇赶大集	2011年2月2～17日	房山区张坊古战道	参观古战道、赶大集、看庙会
平谷	观生态村，品菊花宴	2010年11月15日至2011年2月	大兴庄镇西柏店村特色生态园	赏菊花、采摘菊花、品菊花，观生态村
	雪花那个飘，桃花那个开	2011年1月29日至2月17日	马坊镇、东高村镇、峪口镇、山东庄镇等	春节期间，在平谷20余处的日光温室内，艳丽的桃花在枝头争奇斗艳，将温室渲染成粉红色的世界
通州	通州区三教庙春节文化庙会	2011年2月3～8日	三教庙（通州区大成街1号）	文化庙会展览展示、文艺演出、民间游艺项目
	通州2011年运河冰灯展	2011年2月3～18日	运河公园	以运河民俗、人文、标志建筑展示运河文化特色
	庆佳节，赏名花	2011年2月1～5日	吉鼎立达科观光采摘园	活动期间，免费观赏特色花卉、乡间别墅、现代农业温室大棚等
	元宵节快乐亲子游	2011年2月12日	泊浒乐园	热热闹闹过元宵节、包汤圆、摇元宵；采摘草莓；亲近大自然，亲近小动物；做集体游戏
丰台	北京南宫第五届温泉养生节	2010年11月至2011年2月	南宫生态休闲旅游度假区	具有夏威夷风情的“温泉养生、生态旅游、休闲体验、娱乐互动”活动
	北京世界公园首届水仙花迎春文化艺术展览会	2011年1月15～23日	世界花卉大观园	赏水仙系列作品
延庆	“共度除夕夜，民俗过大年”活动	春节期间	柳沟民俗村、卓家营民俗村等	踩高跷、扭秧歌、抬花轿、写对联、贴对联、贴窗花、包饺子、放鞭炮
	龙庆峡冰灯游园会	2011年1～2月	龙庆峡	欣赏冰灯系列作品，欣赏内蒙古歌舞表演，品尝特色小吃
	观瀑布、赏雪景、溜冰车	春节期间	滴水湖景区、龙湾湖、下湾等民俗村	观瀑布、赏雪景、溜冰车

资料来源：根据相关资料整理。

附表 8　2011 年春节民俗餐饮活动

区县	活动名称	时　间	地　点	内　容
西城	仿膳饭庄	春节期间	北海仿膳	年夜饭、表演、抽奖、送礼
	翔达集团春节总动员	春节期间	翔达旗下所属餐厅	安排灯谜、抽奖、赠送礼品、赠送优惠券活动，让顾客过一个欢乐祥和的春节，吃一顿丰盛的年夜饭
	什刹海欢乐渡新年——美食嘉年华	春节期间	什刹海	“2011 年什刹海温暖冬季体验游”，主题为喝咖啡、坐三轮、逛老街、滑冰车、送祝福、领礼品活动
	晋阳饭庄	春节期间	晋阳饭庄	主题年夜饭
	南来顺饭庄	春节期间	大观园旁	清真小吃宴
大兴	庞各庄伊斯兰美食街	春节期间	庞各庄镇薛营村	品尝清真特色美食
	礼贤镇“全鹿宴”	春节期间	礼贤镇御鹿苑	品尝全鹿宴、特色农家菜及鹿副产品等
	庞各庄镇“西瓜宴”	春节期间	庞各庄镇东方绿洲生态园	品尝“西瓜宴”等特色美食
	魏善庄镇“鸽子宴”、魏善庄镇“野味宴”、魏善庄镇“蒙古特色宴”；北臧村镇“满族特色宴”；榆垡镇“全鱼宴”	春节期间	魏善庄镇食家鸽园饭庄、魏善庄镇禾田饭庄、魏善庄镇蒙古大汗宫、北臧村镇巴园子村、榆垡镇靓味渔村农业观光园	品尝秘制烧鸽、自制豆芽、脆卤肉、石锅鸡腰、香煎河刀鱼、石磨豆腐等特色美食。活动期间，饭庄还推出相应的优惠政策
	长子营镇“牛头宴”、长子营镇“三八席”	春节期间	长子营镇杨府饭店、长子营镇罗庄二村	在杨府饭店享受用“牛头、牛耳、牛舌”等制作而成的特色美食“牛头宴”，味道鲜美、风味独特
	庞各庄镇“蘑菇宴”、大兴特色美食游活动	春节期间	礼贤镇、庞各庄镇、魏善庄镇	品尝“蘑菇宴”，推出 14 个农家特色美食，包括全鹿宴、牛头宴、西瓜宴、鸽子宴、蒙古风味餐以及清真特色小吃等
顺义	顺鑫绿色度假村、和园景逸大酒店	春节期间	顺鑫绿色度假村、和园景逸大酒店	精彩各异的年夜饭活动
通州	莎日娜蒙古风情生态农业观光园	2 月 2 日（年三十）	莎日娜蒙古风情生态农业观光园	接待 10 人以上团队和散客的年夜饭
	快乐源农庄	1～3 月	快乐源农庄	炉火 KTV，篝火联欢，爆竹迎春，冬季快乐源农庄滑冰季，烛光晚宴，玫瑰传情

（续）

区县	活动名称	时　间	地　点	内　容
通州	金盛强花卉休闲农庄	春节期间	金盛强花卉休闲农庄	特色农家饭
通州	亚太花园酒店	2月2日（年三十）	亚太花园酒店	推出团圆宴
房山	“行宫新派官府宴”美食之旅	2011年2月2～8日	隆泽园大酒店	象征阖家团聚的三鲜水饺；象征生活甜蜜的醪糟汤圆；象征事业红火的香煎福鼎蟹；象征全家和睦的火锅全家福
房山	“房山特色蘑菇宴美食月”活动	2011年1月1日至2月28日	昊天假日酒店	品特色佳肴
丰台	南苑迎新春美食节	2011年1月26日	丰台	充分利用新年喜庆气氛，传达新春气息；用中国传统新年的场景布置及丰富多彩的喜庆节目安排吸引游客，使人们感受纯正浓郁的春节氛围
丰台	北京万丰小吃城首届	2011年1～3月	丰台	万丰小吃杯民间才艺大赛
丰台	“万丰小吃杯”民间才艺大赛	2011年1～3月	丰台	万丰大戏楼将为京城的中老年人搭建一个展示和谐生活、传播传统文化和健康知识的舞台，为广大受众架构一座欣赏中老年人别样风采的桥梁
平谷	观生态村 品菊花宴活动	2010年11月15至2011年2月	大兴庄镇西柏店村特色生态园	赏菊花、品菊花茶、吃菊花宴；还可用采摘的菊花在这里做菊花菜，包菊花馅饺子
密云	鱼街品鱼宴，年年庆有余	2011年1～2月	密云水库	活动期间，游客可在鱼王美食街品尝到草鱼、鲤鱼、鲢鱼等正宗密云水库鱼。同时，鱼街近50余家餐饮企业为满足广大美食爱好者的偏爱，将推出各具特色的菜肴
密云	云蒙山庄养生滋补季	2011年1～2月	云蒙山庄	特色养生菜品
密云	浓浓“过年味”，尽在古北口	2011年1～2月	密云古北口古镇	游客可以住农家院，吃二八席，品传统民俗小吃，正月十五猜灯谜，登长城，访古庙；还可以与主人一起起火做饭，包饺子，贴饼子，剪窗花
昌平	迎新春、吃春饼	2011年2月3～9日	昌平区康陵民俗村	推出14个农家特色美食，包括全鹿宴、牛头宴、西瓜宴、鸽子宴、蒙古风味餐以及清真特色小吃等

（续）

区县	活动名称	时　间	地　点	内　容
	“品特色产品，赏民俗风情”活动	春节期间	柳沟、玉皇庙、南湾民俗村、下水磨村、莲花池村、石河营村、上磨村、外炮村	住农家小院，睡农家炕头，品尝“火盆锅”、“水豆腐”、“扒猪脸”、“炸糕”、“鸽子宴”、“麻辣鱼”、“八六席”、“烤全羊”等
	“火盆锅—豆腐宴”、逛永宁古城，品上磨“八六席”、登九眼楼，品南湾“扒猪脸”	春节期间	延庆县井庄镇柳沟村、延庆县永宁镇、延庆县四海镇南湾村	创出“凤凰城—火盆锅—农家三色豆腐宴”。制作时以一主锅为主，放入五花熏肉、白菜、鲜豆腐、冻豆腐、炸豆腐等食材。其特点是以素为主，荤素搭配，油而不腻。四周配以具有农家特色的三个辅锅，三个小碗，六个凉菜，取三羊开泰、四平八稳、六六大顺之意
延庆	登齐仙岭，品水泉子“泉水香鸭”、大庄科乡：登莲花山，品水泉沟“蜜制烤羊”	春节期间	延庆县珍珠泉乡水泉子村、延庆县大庄科乡	品尝珍珠泉乡的鸭子
	逛龙庆峡冰灯，品盆窑“盆盆宴”、逛龙庆峡冰灯，到龙庆峡滑雪，品卓家营“火锅馄饨”、体验夏都公园冰趣，品味下水磨“李记炸糕”	春节期间	延庆县旧县镇盆窑村、延庆县延庆镇卓家营村、延庆县下水磨村	品尝盆盆宴
	游百里山水画廊，品“白河鱼”	春节期间	延庆县千家店镇百里画廊	游百里山水画廊，品“白河鱼”
	逛永宁古城、品八六席、吃豆腐宴	春节期间	永宁古城商业街、上磨村	逛永宁古城、品八六席、吃豆腐宴

资料来源：根据相关资料整理。

附表 9　2010 年北京市各区县农业基本经济情况

区县	农林牧渔业总产值		农　业		林　业		牧　业		渔　业		农林牧渔服务业	
	产值（万元）	增长速度（%）	产值（万元）	增长速度（%）	产值（万元）	增长速度（%）	产值（万元）	增长速度（%）	产值（万元）	增长速度（%）	产值（万元）	增长速度（%）
全市	3 280 226.5	4.1	1 542 227.8	5.5	168 127.2	−2.3	1 395 762.5	2.6	115 109.0	12.0	59 000.0	12.4
朝阳区	40 830.6	−2.5	16 063.1	−1.9	9 074.8	6.9	6 023.1	−12.1	6 669.6	−5.6	3 000.0	−3.3
丰台区	30 313.1	−0.6	18 596.7	−4.7	3 990.2	1.9	4 575.8	4.6	2 398.0	5.9	752.4	77.4
海淀区	40 185.2	−7.2	12 173.4	−21.4	14 024.1	7.9	10 324.1	−16.0	358.6	−15.4	3 305.0	59.8
房山区	426 437.4	3.3	187 660.2	6.9	12 340.0	1.9	208 161.4	−0.6	9 235.4	28.1	9 040.4	6.7
通州区	397 882.1	3.5	232 287.1	4.7	11 748.6	21.8	123 186.2	−0.5	23 028.4	4.5	7 631.8	6.7
顺义区	585 817.2	3.4	269 400.8	0.4	26 200.4	11.1	260 605.8	5.6	16 616.5	3.6	12 993.7	9.9
昌平区	168 000.6	9.3	66 708.2	9.7	13 491.8	4.2	79 033.6	11.8	2 987.0	−14.4	5 780.0	−0.3
大兴区	482 140.6	0.7	262 248.5	−2.1	3 253.5	−0.7	208 948.4	3.8	2 040.5	19.8	5 649.7	17.0
门头沟区	39 324.6	8.2	9 623.0	31.2	17 359.7	18.6	11 724.0	−14.6	10.8	−81.6	607.1	6.7
怀柔区	170 788.8	3.0	62 080.3	4.7	9 776.5	−20.7	83 029.7	2.8	15 226.9	19.4	675.4	6.7
平谷区	294 431.7	11.6	171 728.6	19.5	9 622.5	−23.5	96 229.2	5.8	15 831.4	1.2	1 020.0	−0.3
密云县	391 705.5	6.1	167 045.8	13.6	15 253.8	−11.2	196 004.1	1.4	8 119.0	7.1	5 282.8	31.6
延庆县	202 980.1	2.0	66 612.1	14.5	21 991.3	−22.7	107 917.1	1.1	3 197.9	2.4	3 261.7	26.0

注：1. 全市渔业产值含远洋捕捞，区县相加不等于全市。

2. 按照新的《统计用产品分类目录》，将原来归属林业产值的核桃、板栗等林产品调整至农业产值（2009 年数据）。

数据来源：北京市统计年鉴 2010。

附件　主要国际展览组织简介

附件1　主要国际展览组织

一、国际展览局（BIE）

国际展览局（The Bureau of International Expositions）是专门从事监督和保障《国际展览公约》的实施，协调和管理世博会并保证世博会水平的政府间国际组织。1928年11月，31个国家的代表在巴黎开会签订了《国际展览公约》。该公约规定了世博会的分类、举办周期、主办者和展出者的权利和义务、国际展览局的权责、机构设置等。《国际展览公约》经过多次修改，成为协调和管理世博会的国际公约。国际展览局依照该公约的规定应运而生，行使各项职权，管理各国申办、举办世博会及参加国际展览局的工作，保障公约的实施和世博会的水平。

国际展览局总部设在巴黎，成员为各缔约国政府。联合国成员国、不拥有联合国成员身份的国际法院章程成员国、联合国各专业机构或国际原子能机构的成员国均可申请加入。各成员国派出1～3名代表组成国际展览局的最高权力机构——国际展览局全体大会，在该机构决定世博会举办国时，各成员国均有1票投票权。

国际展览局目前共有87个成员国，下设4个专业委员会。国际展览局主席由全体大会选举产生，任期为2年。

国际展览局下设的4个专业委员会，分别是：

（1）执行委员会：负责评估新项目，并关注展览会的重大事项。

（2）条法委员会：负责展览会有关规则文件与技术条款的具体化工作。

（3）行政与预算委员会：负责落实具体事务。

（4）信息委员会：负责落实具体事务。

截至1999年5月底，国际展览局成员国共有87个：

（1）欧洲（30个）：奥地利、比利时、白俄罗斯、保加利亚、捷克、丹麦、芬兰、法国、德国、英国、希腊、匈牙利、意大利、哈萨克斯坦、吉尔吉斯斯坦、摩纳哥、荷兰、挪威、波兰、葡萄牙、罗马尼亚、俄罗斯、斯洛伐克、西班牙、瑞典、瑞士、乌克兰、乌兹别克斯坦、爱尔兰、冰岛。

（2）北美洲（2个）：加拿大、美国。

（3）中美洲（16个）：安提瓜和巴布达、巴哈马、巴巴多斯、伯利兹、哥斯达黎加、古巴、多米尼加、萨尔瓦多、格林纳达、海地、墨西哥、尼加拉瓜、圣基斯与尼维斯、圣文森特和格林纳丁斯、圣卢西亚、特立尼达和多巴哥。

（4）南美洲（8个）：阿根廷、哥伦比亚、圭亚那、秘鲁、苏里南、乌拉圭、委内瑞拉、巴西。

（5）非洲（11个）：阿尔及利亚、马达加斯加、摩洛哥、纳米比亚、尼日利亚、塞舌尔、南非、坦桑尼亚、刚果、突尼斯、乌干达。

（6）亚洲（17个）：孟加拉国、柬埔寨、中国、印度尼西亚、以色列、日本、韩国、老挝、黎巴嫩、马来西亚、蒙古、阿曼、菲律宾、卡塔尔、泰国、阿联酋、也门。

（7）大洋洲（3个）：澳大利亚、瑙鲁、帕劳。

国际展览局1993年5月接纳中国为正式成员国。中国国际贸易促进委员会一直代表中国政府参加国际展览局的各项工作。

二、国际展览管理协会（IAEM）

国际展览管理协会（The International Association for Exhibition Management）成立于1928年，总部位于美国得克萨斯州的达拉斯市，是当今展览业最重要的行业协会之一，管理和服务于全球展览市场。成员来自46个国家，数量超过3 500个。其使命是通过国际性网络为成员提供独有和必要的服务、资源和教育，促进展览业的发展。国际展览管理协会的基本目标包括：①促进全球交易会和博览会行业的发展；②定期为行业人员提供教育机会，提高其从业技能；③发布展览业相关信息和统计数据；④为展览业人员提供见面机会、交流信息和想法。

国际展览管理协会拥有以下各类成员：

（1）展览经理：从事展览会管理、计划和布置的相关人员。年费为310美元。当所属公司已有展览经理加入IAEM时，其他新加入的展览经理年费为245美元（同时需符合IAEM关于展览经理的条件）。

（2）准会员：对展览会有兴趣但不符合展览经理条件的人员。年费为425美元。当所属公司已有国际展览管理协会准会员时，其他新加入的准会员

IAEM 年费为 355 美元。

（3）商业机构成员：计划、布置、管理展览会的组织。包括各种消费展览会、独立展示会、交易会的组织者，多重管理的展览会协会、社团，非营利性的展览会组织等。国际展览管理协会的商业机构成员可得到关于展览会的销售和管理服务。

（4）学生成员：在大学或学院全职学习相关内容的人员。年费为 35 美元。

（5）教育机构成员：在大学或学院从事教学或负责某一项目的人员。年费为 160 美元。

（6）已退休成员：成为国际展览管理协会成员十年或十年以上，已退休并不再受雇从事展览业工作。“受雇”在此理解为因为劳动和工作而获得实质性报酬。年费为 60 美元。

（7）分部成员：国际展览管理协会支持其各分部工作。其成员不一定属于所在地理区域的分部，但如要加入某一分部，则必须是所居住地的分部成员。夏威夷分部成员年费为 50 美元，其他分部成员的年费均为 35 美元。

国际展览管理协会由 13 名成员组成的董事会领导。

国际展览管理协会通过许多渠道与成员交流，包括 EXPO 杂志、国际展览管理协会的“行业新闻报道”和国际展览管理协会网址上每周发布的协会新闻等。中国国际展览中心于 1995 年率先加入国际展览会管理协会。到 1999 年，作为该会会员参会的已有中国贸促会展览部和上海、深圳、北京分会等多家单位的十几个人，IAEM 总裁也于云南世界园艺博览会期间举行的贸促会分会议上做了专题报告。

国际展览管理协会提供展览管理的注册培训认证项目，即 CEM（Certified in Exhibition Management）的培训认证项目。该培训项目的必修课程包括项目管理、选址、平面布置与设计、组织观展、服务承包商、活动经营、招展；选修课程包括展示会开发、计划书制订、会议策划、住宿与交通、标书的制定与招标。高级课程有经营自己的业务（包括策划与预算）、经营展会的法律问题、安全与风险问题的防止、登记注册、了解成人教育。高级课程专为取得 CEM 认证，并可能使用 CEM 培训认证项目再去开展培训认证的个人所开设。

三、国际博览会联盟（UFI）

国际博览会联盟（The Union of Fairs International）是世界主要博览会组织者、展览场所拥有方、各主要国际性及国家展览业协会联盟，于 1925 年 4

月15日在意大利米兰市，由20个欧洲主要的国际展会发起成立。今天，它已经从一个代表欧洲展览企业和展会的洲际组织发展成为一个重要的全球性的展览业国际组织。2003年，它代表着分布在五大洲74个国家15个城市的237个正式成员组织（其中190个成员为展会组织者，10个成员为展馆拥有者，37个成员为展览业的协会和合作者）。

国际博览会联盟在2003年对由它的成员所组织的619个交易会和展览会授予UFI质量认证。作为世界主要的交易会和展览会的组织者，国际博览会联盟每年召开一次交易会和展览会，每年租用的5 000多万米^{2}展示面积，每年参加这些展会的有100多万参展商，每年参观这些展会的有1.5亿多名展会观众。

拥有展览中心的国际博览会联盟成员代表着1 200多万米^{2}可出租的总展览面积。

作为一个特殊的对话论坛和平台，国际博览会联盟的主要目标是，代表其成员和全世界展览业将展览会作为一个独特的市场营销和沟通工具在全球进行宣传促销。它起着一个高效的网络平台的作用，让展览业的专业人士在这个平台上互相交换各自的想法和经验。国际博览会联盟也向其成员提供宝贵的涉及展览业各领域的研究成果，同时还提供教育培训和高层次研讨会的机会，并在其区域分会和工作委员会的框架内处理着其成员共同利益的有关问题。

国际博览会联盟没有个人成员，只有团体成员，包括公司协会、联合会等。国际博览会联盟吸收两类成员：正式成员（full member）和非正式成员（associate member）。

国际博览会联盟的正式成员有国际展览会的一国或跨国的组织者（包括组织展会及提供展会服务的公司）、全国展会的组织者，不是展会组织者的展馆拥有者和管理者的协会及进行展会数据统计和研究的组织。国际博览会联盟的正式成员有权在它和它举办的经国际博览会联盟认证的展会的所有印刷和其他宣传材料上，使用国际博览会联盟的标志，以反映企业和展会的质量。未经国际博览会联盟认证的展会，不得使用国际博览会盟的标志。

中国目前已有20个展览业相关企业和组织加入了国际博览会联盟，它们是北京国际展览中心、香港旅游局业务发展部、中国展览中心协会、中国贸促会纺织分会、中国高新技术展览中心、中国国际展览中心集团、中国仪器和控制学会、CMP亚洲有限公司、中国机械工具和工具制造者协会、中国国家建筑机械公司、大连国际服装展览有限公司、香港会展协会、香港会展中心、香港展览服务有限公司上海分公司暨上海办事处、香港展览服务有限公司、香港

国际博览会联盟（UFI）成员标志

贸易发展局、凯费尔国际有限公司、上海国际展览有限公司、上海新国际博览中心有限公司、中国深圳机械协会。

国际博览会联盟的非正式成员有：非正式成员的国家和国际协会、交易会服务供应商国际协会、展览业合作者协会和营利企业。2003 年，国际博览会联盟共有 11 个非正式成员（合作者）。

国际博览会联盟成员就是展览业中质量和专业化的标志。国际博览会联盟始终坚持下列标准：所有要求加入国际博览会联盟的申请，首先需经国际博览会联盟成员委员会审核，然后递交给国际博览会联盟指导委员会做进一步的评估，最后交国际博览会联盟全体大会表决，获简单多数者即成为国际博览会联盟成员。在展会组织者和展馆拥有者或管理者申请加入国际博览会联盟的过程中，国际博览会联盟指导委员会如果需要，可以任命一个或几个调查者核实申请者所提供的信息是否准确。调查获得的信息将决定申请者的申请是否递交给全体大会表决。

此外，国际博览会联盟有一套成熟的展览评估体系，对由其成员组织的展览会和交易会的参展商、专业观众、规模、水平、成交等进行严格评估，用严格的标准挑选一定数量的展览会和交易会给予认证。国际博览会联盟认证是高质量国际展览会的证明。由于国际博览会联盟在国际展览业中的权威性，因而达到标准并被国际博览会联盟认可的展览会，在吸引参展商、专业观众等方面具有很大的优势，它向展览商和观众保证了它们能从专业化策划和管理的展会中获益。国际博览会联盟标志和质量标记被用做标示经国际博览会联盟认证的国际展会。要想取得国际博览会联盟认证的国际展会，必须符合国际博览会联盟制定的认证条件：①展会至少已经定期举办过 3 次；②是一个有 20%以上外国展商参加的国际展会；③有 4%以上外国观众参观的国际展会；④外国展商纯租用面积达到展会纯租用总面积 20%以上。

国际博览会联盟（UFI）认证展会标志

当一个展会组织者加入国际博览会联盟时，它所举办的展会中至少要有一个展会得到国际博览会联盟的认证。已成为国际博览会联盟成员的展会组织者，还可向国际博览会联盟提出对其组织的其他展会进行认证的要求。从 1988 年开始，中国国际展览中心及其举办的印刷展览等首先得到该联盟的认可。随后几年，有北京国际机床展、国际仪器仪表展、上海国际模具展等展会先后得到该联盟的认可。2003 年，全世界 619 个由国际博览会联盟成员组织的国际展览会得到了国际博览会联盟的认证。目前，中国获得国际博览会联盟认证的展会共有 30 个。

在香港举办的有 17 个，即：亚洲博览会、亚洲国际电机电子工程与照明技术和取暖通风空调及制冷展览会、亚太皮革交易会、国际化妆香水卫生和美发展、亚洲电子展、国际酒店、餐厅和食品服务展览会、国际家具生产机械和附件及室内装潢与家具展、亚洲国际酒店设备用品和技术及食品饮料展、香港电子产品交易会、香港时装周、香港礼品和奖品交易会、香港家用器具交易会、香港国际珠宝展、香港国际玩具和礼品暨亚洲奖礼品和家庭用品展、香港光学仪器展、香港玩具和游戏器具展、香港钟表展。

在北京举办的有 6 个，即：北京国际建筑机械展览和研讨会、北京国际印刷技术展览会、北京国际制冷空调取暖通风和冷冻食品加工包装及储藏展览会、中国国际机械工具展、中国国际纺织机械展、中国金属和冶金展。

在北京和上海轮流举办的有 1 个，即国际度量、控制和科学仪器展。

在上海举办的有 4 个，即中国国际模具技术和设备展，国际酒店、餐馆和食品服务展，中国国际包装和加工展，中国国际林业和木工机械及用品展。

在大连举办的有 1 个，即大连国际服装交易会和中国服装出口交易会。

在深圳举办的也是 1 个，即中国深圳国际机械和模具工业展。

国际博览会联盟总部设在法国巴黎，在全世界有 4 个区域性分部，对相关区域的所有国际博览会联盟成员开放。到 2003 年 11 月，来自国际博览会联盟的信息显示，非洲/中东部共拥有 28 名成员；美洲部共拥有 11 名成员；亚太部共拥有 42 名成员；欧洲部共拥有 159 名成员。

国际博览会联盟各分部的主要任务是讨论所在区域的相关问题，促进所在区域成员间的合作，提升国际博览会联盟在该区域的地位，鼓励更多成员加入。

在特定区域，分部成员通过紧密合作，处理涉及博览会事务的特定任务和利益，可以有效提升博览会的专业性和质量。

国际博览会联盟还负有培训使命。中国由中国贸促会等单位与国际博览会联盟合作，分别于 1987 年、1997 年在北京、上海举办 UFI 培训班，介绍国际展览知识、国际展览操作与管理。全国 20 多个省市的办展人员参加了这两项活动。中国的 UFI 会员每年派员参加 UFI 年会，介绍中国展会情况，了解国际展览业发展趋势，推动中国展览业国际化。

附件 2　其他会展相关国际组织

一、奖励旅游管理协会（SITE)

奖励旅游管理协会（The Society of Incentive and Travel Executives）是全世界唯一一个致力于用旅游作为激励和改进工作表现的专业人士的世界性组织。它认识到全球文化差异和使用旅游激励战略的重要性，为它的成员提供网络和教育的机会。

成为奖励旅游管理协会的成员是一种宝贵的无形资产。它能使奖励旅游管理协会成员在下列诸方面获益：

（1）获得分布在全世界 80 多个国家的 2 000 多个奖励旅游管理协会成员的联系方法，这些成员代表着奖励旅游业的每一个领域。

（2）获得区域内“奖励旅游大学”的折扣学费，“奖励旅游大学”课程涉及奖励旅游中如何去做的广泛内容。

（3）获得出席奖励旅游管理协会每年国际会议的优惠会费，这些国际会议的重点集中在影响未来奖励旅游的发展趋势上。

（4）能收到大量的奖励旅游管理协会出版物，这些出版物包括《资源年鉴》(The Annual Resource Manual)、在奖励旅游市场战术和趋势领域的研究简编——《奖励旅游介绍》(Incentive Travel Fact book)、涉及影响全世界奖励旅游和团队活动问题的双月版成员通讯——《奖励旅游》等。

（5）可以参加奖励旅游管理协会在全世界的分会活动和教育培训项目。

（6）可以在名片和信纸上使用奖励旅游管理协会的标志。

（7）会收到在奖励旅游主要展示会设摊所需要的奖励旅游管理协会成员陈列材料。

（8）会被列入在线成员指南（Expertise Online)，并收到免费网址链接。

（9）符合条件的可以谋取奖励旅游管理者认证（CITE Certified Incentive Travel Executives）的称号。

（10）符合条件的可以参与奖励旅游管理协会设立的大奖大赛。

（11）可以奖励旅游管理协会成员的身份，以优惠价格订购奖励旅游管理协会出版物、通讯录和标签，以及奖励旅游管理协会研究报告。

奖励旅游管理协会在世界下列国家和地区设立了分会，如美国亚利桑那州、芝加哥、拉斯维加斯、明尼苏达州、纽约、北卡罗来纳州、南卡罗来纳州、南佛罗里达州和得克萨斯州，以及荷兰、哥斯达黎加、澳大利亚/新西兰、比利时/卢森堡、加拿大、东非、德国、大不列颠、香港、爱尔兰、印度尼西亚（在筹建中）、意大利、马来西亚、马耳他（在筹建中）、葡萄牙、苏格兰、新加坡、南非、西班牙、泰国、土耳其。

奖励旅游管理协会还设立了专门基金，支持世界各地有关奖励旅游的课题研究，这对世界奖励旅游的发展起了很大的推动作用。

二、世界场馆管理委员会（WCVM）

世界场馆管理委员会（The World Council for Venue Management）集结了全世界代表公共集会场馆行业专业人士和设施的一系列主要协会。它目前的6个成员协会一起为5 000多个管理经营场馆设施并在这个行业中联合在一起的人士提供专业资源、论坛和其他有益的帮助。这些人士又代表了世界上1 200个会展中心、艺术演出中心、体育场馆、竞技场、剧院、公共娱乐和会议场所。

世界场馆管理委员会成立于1997年。为促进公共集会场馆行业内的专业知识提高和互相理解，积极地致力于通过在成员协会和这些协会成员中的信息和技术交流来提高沟通和促进专业发展。

世界场馆管理委员会的现有协会成员有会议场馆国际协会、亚太会展委员会、国际会议经理协会、欧洲活动中心协会、亚太场馆管理协会和体育场馆经理协会。

世界场馆管理委员会的现任主席是奥地利的汉斯·密克斯纳（Hans Mixers），现任秘书长是美国的德克斯特·金（Dexter G. King）。

世界场馆管理委员会的目标是：

（1）有助于世界更好地了解公共集会场馆行业。

（2）鼓励成员协会中的互相帮助和合作。

（3）促进有关公共集会场馆管理专业信息、技术和研究的分享。

（4）推动成员协会和这些成员协会之间的沟通，以提高和改进全世界公共集会场馆管理行业的知识水平和了解程度。

（5）提供给成员协会和这些成员协会与世界场馆管理委员会所代表场馆和个人直接有效的通道。

（6）召开由世界场馆管理委员会主办的周期性会议，以便分享与公共集会场馆管理经营专业有关的信息和教育开发活动。

世界场馆管理委员会采取下列战略实现上述目标：

（1）在世界场馆管理委员会的所有出版物和文具信笺上，展示世界场馆管理委员会的标志。

（2）在世界场馆管理委员会成员协会与它们各自的成员之间提供成员互惠。

（3）为共同的资源中心提供信息和数据。

（4）参与成员合作活动。

（5）同意和赞助世界场馆管理委员会的指导性报告书。

为了实现上述目标，世界场馆管理委员会还要做如下工作：

（1）收集和传播关于经营管理公共集会场馆有效方法的新信息。

（2）为与公共集会场馆管理实践有关的信息、报告、论文和研究交流提供论坛。

（3）通过成员互惠在出席会议、订购出版物、参加培训教育项目、获取数据及其他资料等方面，为所有世界场馆管理委员会的协会个人成员提供利用各成员协会资源的便捷通道。

（4）鼓励成员协会和它们各自成员间的互相帮助。

（5）探索对所有世界场馆管理委员会成员协会互利的项目和活动的交流。

（6）推动国际互联网的沟通与交流。

三、会议专业工作者国际联盟（MPI）

会议专业工作者国际联盟（Meeting Professional International）成立于1972年，是全球会议和活动取得成功的主要依靠力量。其使命是致力于成为会展行业中策划和开发会议这一领域内的未来领导性的全球组织。

为了获取更多的专业和技术资源，赢得专业发展和网络工作的机会及抓住战略同盟、折扣服务和分部成员之间互相沟通的优越性，越来越多的企业、机构和组织加入了该组织。

会议专业工作者国际联盟目前在全球60个国家有近2万个成员。他们分别属于61个分部，另有3个分部正在筹建。成员分为策划协调管理会议的会议策划者、提供会议业所需产品和服务的供应商及大专院校会展专业（或接待业的全日制在校）学生三类。其中，会议策划者成员占总数的46%，其余54%为后两类成员。他们通过参加或赞助会议专业工作者国际联盟会议，在《会议专业工作者》（The Meeting Professional）杂志或在会议专业工作者国际联盟网页上刊登广告及购买会议专业工作者国际联盟成员标签来获取商机及发展机会。《财富》杂志评选的100强公司中有71家公司参加了会议专业工作者国际联盟。

会议专业工作者国际联盟的总部设在美国达拉斯。会议专业工作者国际联盟主办了会议专业工作者绝大多数的集会，其中包括世界教育大会（the World Education Congress，WEC）、北美专业教育大会（Professional Education Conference - North America，PEC - NA）、欧洲专业教育会议（The Professional Education Conference - Europe，PEC - Europe）等。会议专业工作者国际联盟开发的全球会议管理证书强化培训项目（Certification in Meeting Management，CMM）通过让其参与者进行特别设计的各种课程和练习，来提高他们的战略思考、领导和管理决策的能力，为其成员和其他有志于会议业的人士提供了继续学习和提高的机会。目前，在世界范围内已有250名会议专业工作者获得了这一证书。

建立于1984年的会议专业工作者国际联盟基金会每年进行研究和项目开发，来保证会议专业工作者和会议业的发展以及世界对它们的认知，同时也保证了会议策划、功能和管理的不断改进。基金会还进行妇女领导和多元文化创新精神的研究开发。

今天，对于任何会议专业工作者来说，不管他们是会议策划者还是服务供应商，有业务网络、专门知识和商业资源来保证他们取得可观的投资回报才是成功的关键。而会议专业工作者国际联盟正是为他们提供了良好的业务网络、专门知识和商业资源最佳途径，包括提供250种不同在线课程的网上远程教育、会议管理证书强化培训和会议专业工作者认证。另外，还通过在线新闻通讯季刊《分部领导人》、《相遇欧洲》、《公报》等刊物，为会议专业工作者提供他们所需的业务网络、知识和资源。

主要参考文献

北京市农村工作委员会．2010. 北京市农村产业发展报告（2010）．北京：中国农业出版社．

北京市农村工作委员会．2009. 北京市农村产业发展报告（2009）．北京：中国农业出版社．

陈卫平，赵彦云．2005. 中国区域农业竞争力评价与分析——农业产业竞争力综合评价方法及其应用［J］．管理世界，（3）．

董利民．2011. 城市经济学［M］．北京：清华大学出版社．

关海玲，陈建成著．2010. 都市农业发展理论与实证研究［M］．北京：知识产权出版社．

郭先登．2005. 关于城市发展现代会展产业研究［J］．理论学刊，（9）．

过聚荣．2010. 会展概论［M］．北京：高等教育出版社．

何忠伟等．2011. 北京"十一五"时期少数民族乡村经济发展水平分析［J］．农业技术经济，（10）．

何忠伟等．2011. 北京沟域经济发展研究［M］．北京：中国农业出版社．

何忠伟等．2011. 都市型现代农业之实践探索［M］．北京：中国农业科学技术出版社．

何忠伟等．2006. 都市型生态经济发展模式分析：以密云为例［J］．北京社会科学，（6）．

何忠伟等．2005. 园区农业发展的理论与实证研究［J］．农业科技管理，（1）．

陆红．2010. 中国农业会展经济的初步研究［D］．中国农业科学院．

农业部农业贸易促进中心．2011. 中国农业会展理论与实践问题［M］．北京：中国农业出版社．

农业部市场与经济信息司．2011. 农业会展实践与探索［M］．北京：中国农业大学出版社．

潘文波．2011. 会展业国际合作的综合效应：关于外资进入中国会展业的综合研究［M］．北京：中央编译出版社．

施昌奎．2008. 会展经济运营管理模式研究——以"新国展"为例［M］．北京：中国社会科学出版社．

王春雷，张灏著．2008. 第四次浪潮：中国会展业的选择与明天［M］．北京：中国旅游出版社．

魏农建等．2008. 产业经济学［M］．上海：上海大学出版社．

吴春晖．2010. 丰台会展农业模式［J］．北京农业，（1）．

杨丽霞．2009. 略论我国会展产业研究存在的问题及其改进［J］．经济问题，（8）．

杨勇．2010. 现代会展经济学［M］．北京：清华大学出版社，北京交通大学出版社．

应丽君．2010. 政府主导型展会发展报告（2010）［M］．北京：人民日报出版社．

约瑟夫·派恩，詹姆斯·H. 吉尔摩. 2002. 体验经济 [M]. 北京：机械工业出版社.
张蓓. 2011. 都市农业旅游发展：基于系统分析的视角 [M]. 北京：中国经济出版社.
张工等. 2011. 北京 2030：世界城市战略研究 [M]. 北京：社会科学文献出版社.
张俐俐. 2009. 旅游经济学原理与实务 [M]. 北京：清华大学出版社.
张文娟，郭敏. 2011. 高瞻远瞩 建树未来——写在国家现代农业科技城一周年之际 [J]. 中国农村科技，(8).
张一帆等. 2010. 北京：走向世界城市农业当伴行 [M]. 北京：中国农业科学技术出版社.
赵方忠. 2011. 世界葡萄大会驾临延庆 [J]. 投资北京，(5).
甄峰. 2011. 城市规划经济学 [M]. 南京：东南大学出版社.
中国国际贸易促进委员会北京市分会等. 2011. 北京会展业发展报告 2011 [M]. 北京：对外经济贸易大学出版社.
周绪宝等. 2010. 北京市无公害农产品、绿色食品和有机农产品的现状分析和发展对策 [J]. 中国农业资源与区划，(12).
邹树梁. 2008. 会展经济与管理 [M]. 北京：中国经济出版社.
Erik Bryld Potential. Problems and Policy Implications for Urban Agriculture in Developing Counties [J]. Agriculture and Human values. 2003.
Heather Kirkwood. Exhibition Industry Resource Guide [J]. EXPO Magazine. 2002.
Harold L Vogel. Travel Industry Economics: A Guide For Financial Analysis [M]. 2001.
Kim, S Chon, KK Y Chung. Convention Industry in South Korea: an Economic Impact Analysis [J]. Tourism Management, 2003, 24 (5).
Lawson F. Congress, Convention and Exhibition Facilities: Planning Design and Management [M]. 2000.

后　记

2011年，北京农学院会展农业发展研究课题组在北京市农村工作委员会的委托和北京市政府政策研究室的大力支持下，先后深入覆盖北京农业的13个区县进行实地调研。经过2年时间，课题组梳理了会展农业发展的基础理论，分析了实地调研材料，明确了会展农业的内涵，总结了北京会展农业的现状特点和成功亮点，归纳了一些发展模式，剖析了一些主要问题，并构建了会展农业产业发展评价指标体系。同时，借鉴国外会展农业发展的先进经验，对北京会展农业的发展布局进行规划，对今后北京发展会展农业提出具体对策和建议，从而为政府在"十二五"时期如何有效规划和发展会展农业提供理论支撑和决策依据，即"掌握现状，发现问题，挖掘潜力，推进发展"。

同时，团队成员在研究中付出了辛勤劳动，任志刚、田亦平、赵海燕撰写第一章，何忠伟撰写第二章、第七章，桂琳撰写第三章、第七章，刘芳撰写第五章，赵海燕撰写第四章、第六章、附表、附件，赵海燕、刘永强、韩振华撰写第八章，全书由何忠伟统稿。

在调研和写作过程中，课题组得到北京农学院、北京市政府政策研究室、北京市农村工作委员会和各区县农委的大力支持，尤其是王孝东主任亲自撰写序言，赵永飞、朱聪、邬津、李娜、韩啸、余洁、杨柳、白凌子、孙静等研究生参与了调研与数据统计工作，在此一并感谢。由于时间紧，水平有限，许多方面还有待我们进一步思考与完善。

著　者

2013年3月

图书在版编目（CIP）数据

北京会展农业发展研究/何忠伟等著．—北京：中国农业出版社，2013.4
ISBN 978-7-109-17709-3

Ⅰ.①北… Ⅱ.①何… Ⅲ.①农业－展览会－研究－北京市 Ⅳ.①S-28

中国版本图书馆 CIP 数据核字（2013）第 052293 号

中国农业出版社出版
（北京市朝阳区农展馆北路 2 号）
（邮政编码 100125）
责任编辑 李文宾

中国农业出版社印刷厂印刷 新华书店北京发行所发行
2013 年 5 月第 1 版 2013 年 5 月北京第 1 次印刷

开本：720mm×960mm 1/16 印张：15.25
字数：280 千字
定价：39.80 元